详注·精译

茶经译注（修订本）

外三种

[唐]陆羽 撰
宋一明 译注

附：
茶录 [宋]蔡襄 撰
品茶要录 [宋]黄儒 撰
茶疏 [明]许次纾 撰

上海古籍出版社

图书在版编目(CIP)数据

茶经译注：外三种/(唐)陆羽等著；宋一明译注.
—修订本. —上海：上海古籍出版社，2018.6
ISBN 978-7-5325-8784-1

Ⅰ.①茶… Ⅱ.①陆… ②宋… Ⅲ.①茶文化—中国
—古代 ②《茶经》—译文 ③《茶经》—注释 Ⅳ.
①TS971.21

中国版本图书馆 CIP 数据核字(2018)第 056948 号

茶经译注(外三种)(修订本)

［唐］陆羽　等著

宋一明　译注

上海古籍出版社出版发行

(上海瑞金二路 272 号　邮政编码 200020)

(1) 网址：www.guji.com.cn

(2) E-mail：guji1@guji.com.cn

(3) 易文网网址：www.ewen.co

常熟市文化印刷有限公司印刷

开本 889×1194　1/20　印张 10.2　插页 2　字数 207,000

2018 年 6 月第 2 版　2018 年 6 月第 1 次印刷

印数 1—3,100

ISBN 978-7-5325-8784-1

N·17　定价：28.00 元

前　言

中国制茶、饮茶的历史源远流长。早在战国以前，巴蜀地区已经出现茶饮，并于秦汉时期向长江中下游等地区传播。经两晋南北朝三百馀年的发展，南方地区的饮茶习俗已经较为普遍，但当时的制茶技艺与饮茶方式都比较粗陋。直到唐代，情况才大为改观，茶文化开始发达，并出现了第一部茶书《茶经》。

一、《茶经》的作者及其内容

《茶经》三卷，唐陆羽(733—约804)撰。羽字鸿渐，一名疾，字季疵，号竟陵子、桑苎翁等，复州竟陵(今湖北天门)人。幼时为竟陵龙盖寺僧智积禅师收养。成年后做过伶工，“以身为伶正，弄木人、假吏、藏珠之戏”(《陆文学自传》)。天宝间，河南尹李齐物、礼部郎中崔国辅相继贬谪竟陵，陆羽得到二人的赏识、提携，开始与士人相往来。至德、乾元间(756—759)，游历至吴兴(今浙江湖州)，与知名诗僧皎然过从甚密，成为“缁素忘年之交”(《陆文学自传》)。上元初，隐居苕溪，闭门读书。《茶经》大概就是此时写成的。

唐代宗广德间(763—764)至德宗贞元间(785—805)，陆羽往来扬州、义兴(今江苏宜兴)、湖州、信州(今江西上饶)、洪州(今江西南昌)等地。与颜真卿、皇甫冉、刘长卿、戴叔伦、孟郊、权德舆、张志和等文士交游频繁，唱和颇多。后来游幕湖南、岭南，又被朝廷召拜太常寺太祝，再转太子文学，皆未应召。贞元中(785—805)返湖州，贞元末卒。生平具见《文苑英华》卷七九三《陆文学自传》、《新唐书》卷一九六《隐逸传》、宋计有功《唐诗纪事》卷四〇、元辛文房《唐才子传》卷三等。

陆羽的著述，除《茶经》外，尚有《谑谈》(《唐才子传》作《谈笑》)三篇、《君臣契》三卷、《源解》三十卷、《江表四姓谱》八卷、《南北人物志》十卷、

《吴兴历官记》三卷、《湖州刺史记》三卷、《占梦》三卷、《四悲诗》、《天之未明赋》(以上见《陆文学自传》)、《茶歌》(见皮日休《茶中杂咏序》)、《毁茶论》(见《新唐书》本传)、《顾渚山记》一卷(陈振孙《直斋书录解题》、《宋史·艺文志》著录)、《警年》十卷(《新唐书·艺文志》、《通志·艺文略》著录)、《穷神记》、《杼山记》、《吴兴志》(以上《宋史·艺文志》著录)、《湖州图经》(见颜真卿《梁吴兴太守柳恽西亭记》)、《教坊录》一卷(见崇祯《吴兴备志》)等。均已亡佚。仅《全唐诗》存诗两首,及与颜真卿、耿湋、皎然联句等。今人孙望《全唐诗补逸》辑得联句一首,陈尚君《全唐诗续拾》辑得残句二、逸诗一首。《全唐文》存文四篇,陈尚君《全唐文补编》又辑得三篇。

《茶经》凡十篇,各篇分述茶之起源及鉴别法、饼茶制造工具、饼茶制作法、煎茶与饮茶器具、煎茶法、饮茶法、茶事史料、茶叶产区、简略制法、茶图等。《一之源》至《六之饮》六篇,详述陆羽制茶、煎茶、饮茶法,涉及采茶、蒸青、焙制、碾末、煎饮乃至鉴别等内容。其《二之具》、《四之器》记载陆羽创设的采摘、加工、煎饮器具,《四库全书总目》称:“其曰具者,皆采制之用;其曰器者,皆煎饮之用,故二者异部。”

唐前制茶之法,有原始晒青、蒸青、烘青、炒青等数种,采制及饮用均甚粗略。陆羽探索制作的,则是比较精细的蒸青饼茶。据《茶经》所述,须经采摘至蒸茶、捣茶、拍茶、晾晒、焙茶等复杂工序,所制的蒸青饼茶才易于保存,便于运输,其口感较之前代饼茶、散茶,也有所改善。陆羽又根据饼茶制作的需要,设计或改进了制茶工具,如所制“茶棚”:“高一尺,以焙茶也。茶之半干,置下棚;全干,升上棚。”这些工具的应用,也有助饼茶焙制质量的提升。

唐以前的主要饮茶方法是煮饮,皮日休《茶中杂咏序》称此法“必浑以烹之,与夫瀹蔬而啜者无异也”。陆羽于煮饮基础之上,改进而为煎茶法。其程序大致为炙茶、热捣、研末、煮水、煎茶、酌茶等,均详载于《五之煮》篇中。煎茶用水也需讲求,书中称“用山水上,江水中,井水下”,又称“其江水,取去人远者。井水取汲多者”,总之以洁净、远离污染为佳。唐张又新《煎茶水记》称陆羽曾品评天下水源二十处,并根据其质量高下排定次序。北宋欧阳修虽于《浮槎山水记》、《大明水记》等文中指摘张氏的说法,然而后人多因陆羽重视水源而宁信其真。

陆羽的足迹遍及今南方地区若干省份,又曾游历北方,对唐代的茶叶产区有深入了解，在《八之出》中，概括描述了各个产区的情形。首先划分八大茶产区：山南、淮南、浙西、剑南、浙东、黔中、江南、岭南。其中多数当是陆羽亲身所至，才得以如此详细地记述，如淮南，称“以光州上，义阳郡、舒州次，寿州下，蕲州、黄州又下”，又在注中详载各州产区所在，如称光州“生光山县黄头港”，义阳郡“生义阳县钟山”，舒州“生太湖县潜山”，寿州生盛唐县霍山，“蕲州生黄梅县山谷”，“黄州生麻城县山谷”等。或有少数产区未能到过，因而有“其思、播、费、夷、鄂、袁、吉、福、建、泉、韶、象十一州未详”的说法。《茶经》所述产区，并非完全遵照唐时的行政或监察区域，而是依据开元十五道，又参照实际茶叶产区划分的。浙西、浙东均属江南东道，两处单独列出，记述尤其详尽，当与陆羽长居浙中有关。其次，依据一定的鉴别及评价标准，划分各产区内不同产地茶品等级。有些较大的产区，如浙西、剑南，等级划分更加细密。这为后人研究唐代茶叶生产提供了可信的史料。篇中所记地名较多，据之也可考证《茶经》的成书年代。日本学者布目潮沨所撰《茶经著作年代考》(《布目潮沨中国史论集》下册)，据《八之出》所述“安康”、“江宁”、“始丰”三县，考其名称改易均在乾元元年(758)三月至上元元年(760)九月之间，进而推断陆氏撰成《茶经》的时间与之相合。

陆羽发明的煎饮法，所用器具甚为考究，在特殊的条件下，如寒食禁火，处身郊野，仍能以简便的方法煎饮。《九之略》即记述此类步骤简化的方法，并称“但城邑之中，王公之门，二十四器阙一，则茶废矣”，则又表明若无众多器具与繁缛步骤，煎饮法的精妙之处就难以体会。如果对于陆氏煎茶法不甚熟悉，可将《一之源》至《九之略》诸篇钞于绢素之上，以便临时观摩，因而有《十之图》专门言此。或称陆羽确曾绘图描摹器具、煎饮等，如明代万历十六年(1588)秋水斋刻本《茶经》，将宋审安老人《茶具图赞》附刻于后，即表明此种看法。然而原书本来无图，《十之图》篇中已经说明，所以《四库全书总目》才称“其曰图者，乃谓统上九类，写以绢素张之，非别有图”。

《茶经》既是中国茶学拓荒之作，又是后世茶书的楷模。《茶经》的出现，对唐代的饮茶风气的进一步流行，也起了推波助澜的作用。书中详细描述了复杂、精细的制茶、煎茶、饮茶方法，使人倍感雅致；记载的茶事史料，也增添了饮茶的趣味。再通过与陆羽交往的一些文人如戴叔伦、权德舆,以及晚唐的皮日休、陆龟蒙等人的鼓吹,陆羽及其《茶经》很受唐人的推崇,从唐赵璘《因话录》卷三所记载的陆羽"性嗜茶,始创煎茶法,至今鬻茶之家,陶为其像,置于炀器之间,云宜茶足利……又有追感陆僧诗至多"云云,就可见一斑。

二、《茶经·七之事》的史料来源

《茶经》十篇中,以《七之事》所占篇幅最大。此篇大致依照时间顺序,汇集了上古至隋唐茶事史料。对于陆羽撰写此篇时所依据的来源,存在不同意见,一些研究认为是陆羽平时读书的积累,也有学者认为主要抄自著名的类书《修文殿御览》。后者的可能较大,但仅认定一种类书似乎不确,更大的可能是辑录自包括《修文殿御览》在内的几种类书,并少量取材于陆羽参与修纂的《韵海镜源》,甚或还羼入了后人的增补。

提出《茶经·七之事》取材于《修文殿御览》的是日本学者布目潮沨,他在《〈中国茶书全集〉解说》中提出这个观点。《修文殿御览》这部北齐时官修的类书,唐代较为风行,并在北宋时作为修纂类书《太平御览》的蓝本之一,南宋时犹存全帙,后来亡佚。敦煌所出古类书残卷 P.2526,被罗振玉、曹元忠等定为《修文殿御览》。但这种说法尚未得到完全认可,如洪业即认为 P.2526 更可能是修纂《修文殿御览》的蓝本《华林遍略》(《所谓〈修文殿御览〉者》)。据《宋会要辑稿》及陈振孙《直斋书录解题》,《太平御览》所依据的蓝本,还有《艺文类聚》、《文思博要》等书,其编纂"特因前诸家类书之旧尔"。近人曹元忠《唐写卷子本〈修文殿御览〉跋》称:"余谓《修文殿御览》今尚存宋李昉等所编《太平御览》中。"又考《太平御览》皇王部、皇亲部编次等,称"《太平御览》之中,非惟具存《修文殿御览》,并具存《文思博要》,亦断可知矣"。认为《修文殿御览》尚保存在《太平御览》中,其说较为可信。

但陆羽编撰《七之事》时是否只依靠《修文殿御览》一种类书,也值得怀疑。因为通过《七之事》与《太平御览》卷八六七《饮食》部茗类比较,可以发现《七之事》所收多有不见于《太平御览》的材料,如引自扬雄《方言》、傅巽《七诲》、弘君举《食檄》、王微《杂诗》、刘孝绰《谢晋安王饷米等启》等各条,而这些极有可能采摭于《修文殿御览》、《文思博要》、《艺文类聚》以外的类书。另外还有所引出处不同的情况,如《七之事》引《搜神记》:"夏侯恺因疾死。宗人字狗奴，察见鬼神，见恺来收马，并病其妻。著平上帻、单衣，入坐生时西壁大床，就人觅茶饮。”《太平御览》所引仅“夏侯恺亡后，形见，就家人求茶”一句，且注明出自《晋书》。《太平广记》所引此条甚为详细，其出处为王隐《晋书》，因唐修《晋书》之前有所谓“十八家晋书”，故特为标明。可知《七之事》中此条与《太平御览》出处不一，当是引自其他类书而非《修文殿御览》。

古人著述取资类书的情况并不少见，唐代类书流布之广，也远非今日所可想象。《旧唐书·经籍志》著录唐开元间所存类书二十二部，凡七千八十四卷。现存虞世南《北堂书钞》、欧阳询《艺文类聚》等均在其中，规模较之其他数百上千卷者仅居中等。陆羽如果仅见到数种中等规模类书，稍加纂辑，《七之事》即可大致编成，没有必要再翻检原书，从中一一辑录。

首先，陆羽未必有从原书中手自辑录的条件。因为五代以前，抄写的书籍大多藏于官方，私家藏书远不如两宋以后丰富，清叶昌炽《藏书纪事诗》记载历代藏书家故实，即以五代毋昭裔起首。陆羽并未入朝为官，较难具备利用官方藏书的条件。《七之事》中所收涉及经、史、子、集四部，从集部材料来看，如刘琨《与兄子南兖州史演书》、傅咸《司隶教》、左思《娇女诗》、张载《登成都楼诗》、傅巽《七诲》、弘君举《食檄》、孙楚《歌》、王微《杂诗》、南齐世祖《遗诏》、刘孝绰《谢晋安王饷米等启》等，全是唐代最流行的《文选》以外的诗文。唐初编纂的《隋书·经籍志》，依据前朝藏书目录并核对了官方藏书，所存总集如《文章流别集》、《集苑》、《集林》、《文苑》、《词林》、《赋集》、《诗集》等较之梁时，卷数减少，已有不同程度的散逸。而《旧唐书·经籍志》所著录的开元时期尚存的官方藏书，上面列举的几种总集除《文章流别集》、《集林》、《诗集》外，都已经亡佚。至《新唐书·艺文志》著录的总集，较之开元时更少。总集如此，别集的情况可以类推。所以能够推测，陆羽在当时难以全部见到《七之事》所征引的各书。而唐代类书主要供文士“储材待用备文章之助”（胡道静《中国古代的类书》），其流布范围远大于总集与别集，既易于得到，又便于翻检。

其次，《七之事》所存茶事，除难以确定年代的地理类、医家类各书，以及唐高宗显庆年间由徐勣领衔奏上的《新修本草》之外，大都是唐以前的史料。按照常理，陆羽应能获见较多隋至盛唐的茶事史料，但不予采摭，而仅采与各类书大致相同的内容。实际上是沿袭了唐初类书的做法，可以推知陆羽编撰《七之事》时对于类书的依傍。例如《七之事》所采医药书,除唐修《本草》外,年代多不可考,而唐代流行颇广的孙思邈《千金翼方》却未征引。如《千金翼方》卷二十二“治石痢方”:“淡煮真好茶汁,服二三升,重者三服,轻者一二服即差。”时代更早而未采摭的书还有晋常璩《华阳国志》。书中记有西南各地茶产情形,如卷一《巴志》:“其地东至鱼复,西至僰道,北接汉中,南极黔涪。土植五谷,牲具六畜。桑、蚕、麻、苎、鱼、盐、铜、铁、丹、漆、茶、蜜、灵龟、巨犀、山鸡、白雉、黄润、鲜粉,皆纳贡之。”同卷又称:“涪陵郡……无蚕桑,少文学,惟出茶、丹、漆、蜜、蜡。”卷三《蜀志》:“什邡县,山出好茶。”“南安、武阳,皆出名茶。”与《七之事》所引山谦之《吴兴记》“乌程县西二十里有温山,出御荈”,以及《夷陵图经》“黄牛、荆门、女观、望州等山,茶茗出焉”等极为相类,但均未采入。唐代类书如《北堂书钞》、《艺文类聚》、《初学记》等均对《华阳国志》有所征引,但未引涉及茶事的条目。《七之事》中引用各地“图经”,而不引此书,如果是陆羽手自辑录的话,应当将此书中与茶有关的内容采入《七之事》。除此之外,王维、岑参、李白、杜甫等人集中均有涉及茶的诗句,《七之事》全未征引,而唐初所编的类书对上述各家的诗文当然是无从采摭的。

再次,《七之事》所引各书,除司马相如《凡将篇》等少数外,其馀各条多能在今存唐宋类书中找到相似记载,且裁取、节引的原文也大致相同。而引用时不免删节和改动,也正是类书的一个特点。如左思《娇女诗》,全诗甚长,《七之事》节引为“吾家有娇女,皎皎颇白皙。小字为纨素,口齿自清历。有姊字惠芳,眉目灿如画。驰骛翔园林,果下皆生摘。贪华风雨中,倏忽数百适。心为茶荈剧,吹嘘对鼎䥶”。《太平御览》卷八六七《饮食》部茗类所引虽用字多有差异,但节引的诗句与之完全相同。对比《玉台新咏》卷二所收全诗,“口齿自清历”与“有姊字惠芳”之间有十二句,“眉目灿如画”与“驰骛翔园林”之间有十四句,“果下皆生摘”与“贪华风雨中”之间有两句,“倏忽数百适”与“心为茶荈剧”之间有八句,“吹嘘对鼎䥶”后还有八句,可以看出节略不顾全诗内容,较为轻率。而《茶经·七之事》与《太平御览》所节选的诗句竟然完全相同,不可能只是巧合,使人不得不怀疑两者均非辑自原书。前面已经讨论过《太平御览》的编纂是有其他类书作为所依据的蓝本,那么由此看来,《七之事》所引《娇女诗》与《御览》应为同一出处。另外,两书所引文字差别甚大,应当排除《御览》取材于《茶经》

的可能。

另举《七之事》所引《世说》的例证。《世说》即南朝宋临川王刘义庆所撰《世说新语》。《七之事》的引文为："《世说》：任瞻，字育长，少时有令名。自过江，失志。既下饮，问人云：'此为茶，为茗？'觉人有怪色，乃自分明云：'向问饮为热为冷。'"《太平御览》卷八六七《饮食》部茗类亦引此条，而文字稍有不同："任瞻少时有令名。自过江，失志。既不饮茗，问人云：'此为茶，为茗？'觉人有怪色，乃自申明之曰：'向问饮为热为冷。'"对比之下，除《御览》所引"既不饮茗"当有误字外，其他大致相同。然而再对比《世说新语·纰漏》，则会发现存在较大问题。首先，"任瞻，字育长"是刘孝标注引《晋百官名》的内容，《七之事》所引将其移至正文之首。其次，"有令名"至"自过江"之间有"武帝崩，选百二十挽郎，一时之秀彦，育长亦在其中。王安丰选女婿，从挽郎搜其胜者，且择取四人，任犹在其中。童少时，神明可爱，时人谓育长影亦好"一段文字。因与茶无关，引用时删去也未尝不可，但关键在于，"失志"至"既下饮"之间又有"王丞相请先度时贤共至石头迎之，犹作畴日相待，一见便觉有异。坐席竟"一段文字，由此才能理解任瞻所谓"为茶为茗"，实际上是失意之下心不在焉的口误。《纰漏》门所收均为因行为、言语疏漏导致尴尬的轶事，《七之事》及《御览》所引均缺少具体语境，使人难以理解，甚至误以为冷、热是区分茶、茗的要素。之后又有"尝行从棺邸下度，流涕悲哀。王丞相闻之曰：'此是有情痴。'"等文字，《七之事》、《御览》也都删去未引。由所引不顾及语境的做法来看，《七之事》与《御览》应该不是简单的巧合，而是有共同的蓝本。

《七之事》取资类书的痕迹，还表现在仅见于二者的异文上。如《七之事》引《晏子春秋》，作"婴相齐景公时，食脱粟之饭，炙三弋、五卯、茗菜而已"，"五卯"、"茗菜"均与《御览》卷八六七所引相同。《晏子春秋》各本中有"卵"作"卯"者，但"茗菜"均作"苔菜"。《御览》卷八四九"食"下引《晏子》此条，作"晏子相景公，食脱粟之饭，炙三弋、五卯、菜耳"。《七之事》与《御览》卷八六七同将"苔菜"讹作"茗菜"，可知《七之事》与《御览》修纂蓝本之间的沿袭关系。

最后，《七之事》的编次，除篇首以朝代为次列举人名外，茶事的胪列与类书相似，从中不难发现辗转承袭的痕迹。列举的人名仅表明书证的时代，篇中还有一些材料并未在篇首列举。比如各地"图经"及《后魏录》、

《桐君录》等作者不明的书。一般类书的编次方式,多是先胪隶事,再列诗文,《艺文类聚》和《初学记》均如此。相比之下,《七之事》的编排方式更像《太平御览》。《御览》卷八六七《饮食部》茗类,实际上比《七之事》更难看出编次的依据。《御览》先引《尔雅》,再列举大致以时代先后为序的隶事各条。其中地理类各书如《坤元录》、《括地图》、《广州记》、《南越志》及各地"图经"等,均排列在一起。最后是诗文。还可以肯定的是,《御览》茗类的排列并非受《七之事》的影响,因为《御览》中其他部类的排列也基本如此。如卷九六六《果》部橘类,隶事之后列举了地理书《水经》、《南夷志》、《湘州记》、《云南志》,及其他书中记载的各地的出产情形,最后是自《楚辞》以下的历代相关诗文。又如卷九六七《果》部桃类,也是先列隶事各条,再举地理书记载的各地出产。其后又有隶事数条,继以《本草》及诗赋等,可能反映出《御览》修纂时混编几种类书的痕迹。但无论如何,与《七之事》所引各条的编次方式是极为类似的。

此外,古人著书观念也与今日稍有不同,采摭相关史料纳入所著书中,如《汉书·艺文志》删省《七略》,唐宋笔记相互因袭,以当时的观念尚能接受。因而《四库全书总目》子部类书类小叙称:"此体一兴,而操觚者易于检寻,注书者利于剽窃,辗转稗贩,实学颇荒。"张舜徽《四库提要叙讲疏》又称:"注书者得之,左右采获,裨益博闻,不俟旁求,典则悉在。高明之士,固有别择去取之材;下愚者则不免蹈剽窃稗贩之失,斯又编书之人所不能任咎者也。"

三、《茶经·七之事》与《韵海镜源》的关系

《七之事》所引史料不见于今存类书征引的,有些可能出自陆羽参与编纂的大型韵书《韵海镜源》,已有学者注意到这一点(傅树勤《茶经的成书年代》)。今略述《韵海镜源》的成书、编纂情形及性质,以考察《七之事》从中取材的可能性。

大历间(766—779),陆羽寓居湖州,参与颜真卿主持的编纂工作。《新唐书·文苑传·萧存》:"颜真卿在湖州,与存及陆鸿渐等讨摭古今韵字所原,作书数百篇。"颜氏早年即有编纂之意,《颜鲁公文集》卷四《湖州乌程县杼山妙喜寺碑铭》云:

> 真卿自典校时,即著五代祖隋外史府君与法言所定《切韵》,引

> 《说文》、《苍雅》诸字书，穷其训解，次以经、史、子、集中两字已上成句者，广而编之，故曰“韵海”，以其镜照源本，无所不见，故曰“镜源”。

编纂历经三次，据《妙喜寺碑铭》，“天宝末，真卿出守平原，已与郡人渤海封绍、高篔，族弟今太子通事舍人浑等修之，裁成二百卷，属安禄山作乱，止其四分之一”。检郁贤皓《唐刺史考全编》，颜氏任德州（平原郡）刺史，在天宝十二载（753）至至德元载（756），由于安史之乱的原因，编纂工作陷入停顿。大历三年（768）至七年（772），颜氏任抚州刺史，与“州人左辅元、姜如璧等增而广之，成五百卷。事物婴扰，未遑刊削”（《妙喜寺碑铭》）。其时此书规模已具，但以卷帙过繁，为求精审起见，务必进行删省。因而“大历壬子岁（772 年），真卿叨刺于湖。公务之隙，乃与金陵沙门法海、前殿中侍御史李萼、陆羽……以季夏于州学及放生池日相讨论，至冬徙于兹山东偏，来年春遂终其事”（《妙喜寺碑铭》）。参与末次编纂者约二十人，以颜氏抚州任上所编为基础，从五百卷删省至三百六十卷，其中或许有查缺补遗处，但删省之事居多，所以仅用半年即可完成。全书编成后，于大历十二年献呈朝廷。《旧唐书·代宗纪》：“十一月……刑部尚书颜真卿献所著《韵海镜源》三百六十卷。”

《韵海镜源》卷帙浩繁，传写不易，流传不广，到北宋时已残缺大部，南宋时全部亡佚。宋王应麟《困学纪闻》卷八：“颜鲁公在湖州，集文士，摭古今文字为《韵海镜源》三百六十卷，以包荒万汇，其广如海，自末寻源，照之如镜。《崇文总目》仅存十六卷，今不传。”《崇文总目》成书于庆历初，其时《韵海镜源》只存十六卷，实际上大部分已经亡佚了，南宋末王应麟连这十六卷残本也没能见到。清道光间，黄奭《汉学堂经解》辑得一卷，大多数仅有条目、别体及反切，胪列的书证仅有鲍明远《书势》一条，所辑均未注出处，较难从中看出《韵海镜源》体例。

《韵海镜源》是兼具类书性质的大型韵书，取材广泛，征引闳博。唐封演《封氏闻见记》卷二《声韵》条记其体例：

> 更于正经之外，加入子、史、释、道诸书，撰成三百六十卷。其书于陆法言《切韵》外，增出一万四千七百六十一字。先起《说文》为篆字，次作今文隶字，仍具别体为证，然后注以诸家字书。解释既毕，征九经两字以上，取其句末字编入本韵，爰及诸书，皆仿此。自有声韵

以来，其撰述该备，未有如颜公此书也。

《四库全书总目》卷一三六《骈字类编》条称此类以韵为纲隶事之书，“所采诸书，皆齐句尾之一字，而不齐句首之一字”。清人所编《佩文韵府》，即与之类似。这种依韵编录的类书源出于唐前，清姚振宗《隋书经籍志考证》卷十《群玉典韵》条称始于《群玉典韵》及张谅《韵林》、潘徽《韵纂》等。依前人所述体例，《韵海镜源》隶事书证必然宏富广博。加之陆羽所见的最初五百卷的规模，虽小于一千二百卷的《文思博要》、一千卷的《太平御览》，但较之三百六十卷的《修文殿御览》、一百七十三卷的《北堂书钞》、一百卷的《艺文类聚》，规模相当可观，应该包含不少茶事书证。陆氏很有可能在参纂时加以采辑，补入尚未完备的《七之事》中。从今日可见的《佩文韵府》看来，此种韵书所引材料多与类书相似，只是编次方式有所不同。

陆羽编纂《七之事》时主要依靠前代的类书，《韵海镜源》仅起到补充作用，原因在于大历七年(772)参与修纂《韵海镜源》时，《茶经》已经初步成书。日本学者布目潮沨《茶经著作年代考》(见《布目潮沨中国史论集》)据《八之出》所述“安康”、“江宁”、“始丰”三县地名均出现在乾元元年(758)三月至上元元年(760)九月之间，进而推断陆氏撰成《茶经》时间与之相合。还有国内研究者认为这可能只是《茶经》最初撰成的时间，《四之器》中所称“盛唐灭胡明年铸”，大约反映了作者在广德二年(764)安史之乱彻底平定以后的修改。(傅树勤《茶经的成书年代》)两种说法所认定的《茶经》初步撰成、修改时间，均早于参与编纂《韵海镜源》的时间。

事实上，陆羽汇集书证、编纂类书的经历，不仅只有参与编纂《韵海镜源》一事。《崇文总目》、《新唐书·艺文志》、《通志·艺文略》及《宋史·艺文志》等均著录陆羽所编类书《警年》十卷。这部书在北宋是存在的，其亡佚可能在宋元之交。元丰、元祐间杨彦龄所撰《杨公笔录》称：“又云陆机入洛之年，史传莫可考知其岁数，唯陆羽《警年》云二十岁，亦不知何从知之。”从杨氏的记载可知，《警年》颇与后世的“疑年录”类似，且仅有十卷，所涉及的茶事自然不多，应与《七之事》毫无关涉。另外，由杨氏所云“不知何从知之”，不禁使人怀疑《警年》的编纂，也存在辗转抄撮类书的可能，只是不注明出处而已。

《七之事》之价值，尤在于其中记载有现存类书所不载的内容，仅见《茶经》者，如《四库全书总目》卷一一五所称“司马相如《凡将篇》一条三十八字，为他书所无"。清周中孚《郑堂读书记》卷五十也称"所引司马相如《凡将篇》、何法盛《晋中兴书》、卢綝《晋四王起事》、山谦之《吴兴记》诸条皆久佚之书，亦深有资考证"。至于《七之事》中所存他人增补之文的问题，详见下文。

四、《茶经》的早期传本

陆羽《茶经》撰成以后，当时即已递相传抄，他所发明的煎饮法也风行甚广。唐封演《封氏闻见记》卷六《饮茶》条称："楚人陆鸿渐为《茶论》，说茶之功效，并煎茶、炙茶之法，造茶具二十四事以'都统笼'贮之。远近倾慕，好事者家藏一副。有常伯熊者，又因鸿渐之论广润色之，于是茶道大行，王公朝士无不饮者。"封氏所称《茶论》，为《茶经》的别名，由此可知唐时常伯熊已对陆氏煎茶、饮茶法有所改进，并且极有可能以文字形式记载下来。所以宋王应麟《玉海》卷一八一《唐税茶法》称："陆羽著《茶经》三篇，常伯熊因羽论复广著茶之功，其后尚茶成风。"此处后一"著"字虽更适于训为"表"而非"著述"之意，但如果改进后的方法仅为一人使用，是得不到广泛流传的，而经过改进的技艺得到他人的传承，或者形诸文字，其影响自然扩大，才能形成"茶道大行，王公朝士无不饮者"的风气。由于常氏是在陆羽煎茶法的基础上改进的，所以这些改进很可能在唐代《茶经》的传本中有所体现。

此后，又有太原温从云、武威段碣之二人增补《茶经》之事。晚唐皮日休《茶中杂咏序》称："余始得季疵书，以为备矣。后又获其《顾渚山记》二篇，其中多茶事，后又太原温从云、武威段碣之各补茶事十数节，并存于方册。茶之事，由周至于今，竟无纤遗矣。"季疵为陆羽之字，《顾渚山记》是其所写关于唐代著名产茶区湖州顾渚山的文章。此处"方册"作为书的代称，所谓"并存方册"，是指写入原书。宋程大昌《演繁露》卷七《方册》条称："方册云者，书之于版，亦或书之竹简也。通版为方，联简为册。近者太学课试，尝出'文武之政在方册赋'，试者皆谓册为今之书册，不知今之书册乃唐世叶子，古未有是也。"皮氏生活时代通行书的形制尚为"叶子"，即横宽纵短、不加装置的散叶。皮氏抄入的茶事，有可能附在《七之事》叶子之后，也有可能直接抄入《七之事》叶子之中。《七之事》专门记载从上古到唐代有关茶叶的史料，皮氏所增，意在补陆羽所未备。补入的数量，如所述从温、段二氏"各补茶事十数节",则为三十节左右,加上皮氏从《顾渚山记》中抄出的,增补篇幅比较可观。从中还可看出,温、段二氏所增补的仅为茶事,而不同于常伯熊的改进之处在于煎茶、饮茶方法。

温、段二氏生活时代介于陆羽与皮日休之间,所增补的《茶经》未见传本,现存唐宋各种官私书目,皆未著录温、段所著书。直到清代,才有人予以格外关注,如陆廷灿《续茶经》卷下之五《茶事著述名目》有温、段二氏《补茶事》。其依据也是皮日休《茶中杂咏序》,并猜测确有此书别本单行而加以著录,实际没见到此书。又如毛奇龄《西河集》卷九四《敕封文林郎内阁中书舍人刘先生墓志铭》谓:"曩渡淮时谒刘先生,会先生著《茶史》成,甫就坐,即询茶銙之制,且以未见皮袭美所记太原温从云、武威段碣之所补茶事十数节为问。"毛氏也注意到这一点,并请教对茶史有专门著述的刘源长,只是文中未记得到的回答如何。根据以上记载,可以推断,温、段二氏所补茶事,经皮日休补入《七之事》后,多次转写,已混同陆羽原本。雕版印刷书籍尚未广泛流行时,写本的文本具有不稳定性,容易出现此类后人增补或注记混入原本的情况。而即便经过皮日休整理之后,还不断有内容混入原本,最明显处,如皮氏《茶中杂咏序》谓"茶之事,由周至于今,竟无纤遗矣",宋《百川学海》本《茶经·七之事》"周公"前又有"三皇:炎帝神农氏"一条,且引《神农食经》"茶茗久服,令人有力悦志"。皮氏所见《茶经·七之事》的上限是周代,此条时代"更早"的史料,应当是晚唐至北宋间增入的。之所以宋本中皮氏增补的痕迹极少,是因为后来大部分被删除。如皮日休《茶中杂咏序》所称"余始得季疵书,以为备矣,后又获其《顾渚山记》二篇,其中多茶事",而《顾渚山记》记载茶事的痕迹,今本《茶经·七之事》中未见,《八之出》中有一处,应当不是皮氏的增补。又《七之事》现存四十八条,如果皮氏增入的至少三十馀条还包括在内的话,则陆羽原本的茶事仅十馀条,不符合皮氏所称的"以为备矣",可以看出整理时删除的情况。

《茶经》一书体例较为严谨,唐宋人所述《茶经》内容大致相同,后人增益最多的除《七之事》外,还有《八之出》。这两篇的撰成源自材料的积累,属于一种开放式的、颇为松散的结构,只要是陆羽生活年代以前的材料,尽可以无限地增入,并不改变其篇章结构与撰写意图。相比之下,记述陆羽煎茶法步骤各篇,除注释外,改变文本的馀地较少。

正因为不断地传抄、增益，《茶经》产生了繁简的差别。北宋时陈师道曾整理《茶经》，之后撰写的《茶经序》(《后山居士文集》卷十六)，记录了当时所见的四种版本：

陆羽《茶经》，家书一卷，毕氏、王氏书三卷，张氏书四卷。内外书十有一卷。其文繁简不同，王、毕氏书繁杂，意其旧文；张氏书简明与家书合，而多脱误。家书近古，可考正，自《七之事》其下亡。乃合三书以成之，录为二篇，藏于家。

所谓"内外书"，即以家为内，其馀皆外。这些不同版本，极有可能是写本而非刻本，毕氏、王氏、张氏，均为出资抄写或收藏者姓氏。毕氏、王氏书卷数、繁简相同，二者应系一本，惟文字稍有差异。张氏书析成四卷，其特点是文字简明。陈氏家传一卷本虽"自《七之事》其下亡"，但脱误较少，可供校勘之用。整理时"合三书以成之"，当是以陈氏家藏本为主，并采纳了其他三书的优点。因为"王、毕氏书繁杂"，整理时删掉了一些内容，其中自然包括混入原本的后人注记及注释。然而，陈师道的这段话里仍有难以理解处，如既考虑王、毕氏的繁杂本为"旧文"，又认为家藏一卷简本"近古"，到底何种最接近陆羽撰写的原貌，讲得不很明白。又由陆羽所撰《陆文学自传》可知，陆氏原本三卷，至晚唐时，皮日休所见亦为十篇三卷，至五代、北宋间才产生歧异。后山定本"录为二篇"，不同于原本。《四库全书总目》推测这种差异的原因时称："此本三卷，其王氏、毕氏之书欤，抑《后山集》传写多讹，误三篇为二篇也。"除《陆文学自传》、皮日休《茶中杂咏序》外，《新唐书·艺文志》、《新唐书·陆羽传》、晁公武《郡斋读书志》、《通志·艺文略》、《玉海》等也俱作三卷，陈师道家藏本、陈振孙《直斋书录解题》、《宋史·艺文志》作一卷，后山所见其他各本也不存在析作两卷者。惟有清钱东垣等辑本《崇文总目》作"《茶记》二卷，陆羽撰"，称作《茶记》，与《封氏闻见记》卷六所称《茶论》一样，当是《茶经》的别称。清周中孚《郑堂读书记》卷五十《茶经》条以为："《崇文总目》作《茶记》二卷，皆字之误也。"《崇文总目》编成于景祐间(1034—1038)，陈师道生于皇祐五年(1053)，但他用以校勘的诸本中无二卷本，可能并没有见到《崇文总目》所著录的"《茶记》"。《四库全书总目》推测因《后山集》传写讹误而作"二篇"，较为合理。陈师道整理《茶经》时，删掉了繁本中部分内容，极有可能包括皮日休所增入的茶事。

然而最不清楚的问题在于,陈师道整理本《茶经》是否得以广泛流传,南宋咸淳间刊刻《百川学海》时,是否见到并参考了陈氏整理本。《百川学海》本《茶经》是已知最早的刻本,后世各种版本均由此本而来,《四库全书总目》论及《茶经》卷数时怀疑"其王氏、毕氏之书",则否定了《百川学海》本曾参考陈氏本,而推测直接从王氏、毕氏本而来。另一种推测"《后山集》传写多讹,误三篇为二篇",似乎又暗示了宋刊《百川学海》本与陈氏整理本之间的关系。综合看来,当以后者为是。原因在于陈师道称王氏、毕氏书"繁杂",说明较之另外两本增补相当多的内容。《百川学海》本注释不甚多,且主要集中在《八之出》,假设将此本注释全部删掉,再与未删前对比,原来的本子也称不上"繁杂",因而《百川学海》本实际上可算作简明的本子。如果《百川学海》本与陈氏整理本的确存在关系的话,则可以称,从后山定本问世到南宋刊刻以前,《茶经》正文中增入的淆乱不多,只有抄手的注记阑入注中。例如《五之煮》:"其味甘,檟也;不甘而苦,荈也;啜苦咽甘,茶也。"注称:"一本云:其味苦而不甘,檟也;甘而不苦,荈也。"这条注显然不是出自陆羽之手。

五、《茶经》的注释问题

陆羽原本中有少量注释,其体例可能受中古著述"合本子注"影响,即将"除烦则意有所吝,毕载则言有所妨"(唐刘知幾《史通・补注》)的文字列为子注,以与正文有所区别。唐人著作常有这种体式,如姚汝能《安禄山事迹》;宋人的一些撰述中仍然可以见到,陈寅恪《金明馆丛稿二编・陈述辽史补注序》云:"赵宋史家著述,如《续资治通鉴长编》、《三朝北盟会编》、《建炎以来系年要录》,最能得昔人合本子注之遗意。"陆羽早年居佛寺,对于源自内典注释的"合本子注"当不陌生。十篇中以《八之出》子注最多,篇中正文胪举八大茶叶产区,除黔中、江南、岭南等仅列产茶各州名称外,山南、淮南、浙西、剑南、浙东等处,又据产茶品质分作数等。子注则详列各处具体产地,如"峡州生远安、宜都、夷陵三县山谷","襄州生南漳县山谷,荆州生江陵县山谷";并比较各地茶叶品质,如"生光山县黄头港者,与峡州同","常州义兴县生君山悬脚岭北峰下,与荆州、义阳郡同"。既用以补充正文,同时又避免枝蔓。

《八之出》外各篇子注较为复杂，其中既有陆氏原文，又有后人增入的内容。版本先后不同，子注也存在差别。宋刊《百川学海》本《茶经》子注多为陆氏原本已有，较能确定的如《五之煮》："既而承热用纸囊贮之，精华之气无所散越，候寒末之。"注谓："末之上者，其屑如细米；末之下者，其屑如菱角。"注中描述的茶末形状或称品质标准，是他人难以确立的。也有少量应当是后人注记阑入的，如《五之煮》："谓弃其啜馀"，注谓"啜，尝也。市税反，又市悦反"；"其馨𩡋也"，注谓"香至美曰𩡋，𩡋音使"。两处皆训释繁难文字，兼注字音。又如前面所引注谓"一本云：其味苦而不甘，檟也；甘而不苦，荈也"，则属校语。所注字音，或直音，或反切，应该也非陆氏原有。如《二之具》："芘莉"注"音杷离"，"穿"注"音钏"；又如《五之煮》"候炮出培塿"，"炮"字注"普教反"，"无乃䶢齸而钟其一味乎"注"上古暂反，下吐滥反。无味也"。陆羽如果有意为《茶经》增加音注，应当贯串全书，而不是仅注个别几处，并且只集中在《二之具》、《四之器》、《五之煮》三篇。还有混用两种注音方法的，如《二之具》"籝"字，一注"加追反"，用反切法；一注"《汉书》音盈"，用直音法。虽然古人著述中也存在同用数种注音方法的现象，但此处所注两音明显不同。籝，《广韵・清韵》音"以成切"，与所注"《汉书》音盈"音同，但"加追反"，却是由"羸"字反切"力追反"形近而讹造成的。又今日所见各本《茶经》注"《汉书》音盈"下均有"所谓'黄金满籝，不如一经'。颜师古云：'籝，竹器也，受四升耳。'"一句，与正文籝"受五升"相抵牾，显然也不是陆羽所注。所以说，此类音注当是后人读《茶经》时随手所施，由于递相抄录而混入原书注中的。

宋本《茶经》中多抄写时的注记混入子注中，明清刊本《茶经》则多校语混入。如明嘉靖间竟陵刊本、清宛委山堂《说郛》本《一之源》"中者生栎壤"后，均有注谓"栎当从石为砾"，显然属于校语，但其字体已与陆羽原本子注不能区分。明刊诸本中，混入的注记尤其多，清刊本多由明本而来，承袭明本的注释之外，新增较少。竟陵本刊于明嘉靖二十一年(1542)，为现存最早单刻本，后代颇多版本也源出此本。布目潮沨《杏雨书屋藏明嘉靖竟陵本茶经について》(见《布目潮沨中国史论集》)一文，经与《百川学海》本对勘，部分竟陵本所增注释已予指出。然而对明嘉靖以前《茶经》版本而言，因版本依据少，欲完全区分陆羽自注与后人增入者，仍待进一步的研究。

六、《茶经》的版本情况

现存《茶经》版本颇多,已知者有六十馀种。因未能全部寓目,其版本系统并不能完全梳理清楚,仅略述校勘所用各本如下:

南宋咸淳九年(1273),左圭辑刻丛书《百川学海》,所收《茶经》,为已知最早《茶经》刻本。此本校勘不甚精严,讹字较为明显,也有校语混入子注的情况,如前引《五之煮》注"一本云"之类。然因刊刻时间最早,后世版本皆从此而出,故取为校本。

《百川学海》本传至明代,有弘治十四年(1501)华珵活字本、嘉靖十五年(1536)郑氏文宗堂刻本、明人重编《百川学海》本等数本。据陶湘《覆刻宋本百川学海》序称:"华本目次虽更,行格未改;坊本擅易原书,不足讨论。"故取华氏活字本为校本。

元末陶宗仪编集《说郛》一百卷,其卷八十三收《茶经》三卷。据昌彼得《说郛考》上篇《源流考》,陶氏原编仅以抄本流传,至明代佚去三十卷,明人郁文博自《百川学海》补辑六十四种,始为刊刻,《茶经》就在补辑之列。此本流传甚罕,现仅存以其为底本的明抄本数种,近人张宗祥取明钞六种汇校,民国间由商务印书馆排印出版。由此可知商务排印张校《说郛》本《茶经》出自《百川学海》,故取作校本。

又有清顺治间宛委山堂刊一百二十卷本《说郛》,也收入《茶经》三卷。昌彼得将其与商务排印本校勘,相同者有四八六种,"如取各本来校勘,可以考出重编《说郛》所根据刊雕之底本,绝大多数并非出自郁本"(《说郛考·源流考·重编说郛与郁文博本之关系》)。通过比勘,可以看出宛委山堂本与商务排印本多有不同,而与明嘉靖间竟陵刊本接近,竟陵本所增注释也大多沿袭,仅少量文字存在异文,而略有删汰。明代其他《茶经》刊本多收入丛书、类编,如《唐宋丛书》、《五朝小说》等。昌彼得《说郛考·源流考·重编说郛版之始末》称:"就今传而可考者如《五朝小说》,所谓伪本《唐宋丛书》、别本《百川学海》、《合刻三志》诸书,皆以此漫漶之《说郛》残版编印者也。"由此可知这几个版本间的渊源关系。

又有明嘉靖二十一年(1542)竟陵刊本,在《茶经》版本系统中占有重要位置。据卷首鲁彭《刻茶经叙》,可知此本由龙盖寺僧释真清抄本而来,真清本又钞自《百川学海》。再由汪可立《茶经后序》知此本曾经汪氏校勘，所增注释，也可能出自汪氏之手。此本虽源出《百川学海》，但与《百川学海》本出入较大，可视作一单独系统。明俞政刻《茶书全集》本《茶经》附张睿卿《跋》称“竟陵本更烦秽”，大概就是改易底本稍多的缘故。竟陵本在明代流传颇广，后附童承叙《与梦野论茶经书》谓“暇日令人持纸来印百馀部如何”，童氏一次所印即有百部，其印数不少也可以想见。万历以后各本多据为底本，以致当时所见竟陵本系统以外者较少。甚至有人经过与竟陵本的比勘，称《百川学海》本尚存缺略，如前引张睿卿《跋》谓“《学海》刻非全本”，就是从这个角度说的。本次整理限于条件，未能见到竟陵本，仅以源出竟陵本系统的宛委山堂《说郛》本权作替代。

又有《四库全书》所收“浙江鲍士恭家藏本”《茶经》三卷，未注明是何种版本。鲍士恭为藏书家鲍廷博之子，《碑传集三编》卷三七《鲍廷博传》云：“乾隆三十八年，四库馆开。廷博命长子士恭进家藏善本六百馀种，大半宋元旧板、写本，又手自校雠，为天下献书之冠。”又吴慰祖校订《四库采进书目》载《浙江省第四次鲍士恭呈送书目》：“《茶经》(一卷)。《酒史》(六卷)，明徐渭著。六本。”《采进书目》与《四库》著录抵牾，可能有讹误。《四库》本源流颇不明朗，大概来自抄本，再经过《四库》馆臣的校勘，虽然难以保存原貌，但因校勘的水平较高，故取为校本。

又有清嘉庆间虞山张氏照旷阁辑刻《学津讨原》本，源出《百川学海》，又校以竟陵系统版本，校勘与刻印俱精，也取为校本。

又有民国初年武进陶湘影刻宋《百川学海》本，任校雠者为学者章钰、唐兰。此本不脱宋本的藩篱，能保存最早刊本的面目，宋本中的明显讹误，也略作订正，并且校勘较为审慎，不能够仅以“影刻”看待，故而用作底本。

此次整理，以陶氏影宋《百川学海》本《茶经》为底本，校以2004年国家图书馆出版社《中华再造善本》影印宋刻《百川学海》本，明弘治十四年华理刻《百川学海》本，1988年上海古籍出版社《说郛三种》影印清宛委山堂《说郛》本、民国间商务印书馆据张宗祥校明抄本排印《说郛》本，1983年台湾商务印书馆影印文渊阁《四库全书》本，清嘉庆十年虞山张氏照旷阁刻《学津讨原》本等。校勘时又参考《旧唐书》及《北堂书钞》、《太平御览》等。

七、宋代的《茶录》与《品茶要录》

两宋是中国茶史上的一个兴盛时期。北宋建立后,因袭唐五代以来的贡焙制度,于太平兴国二年(977)在福建建安设置御焙,专造龙凤茶,以满足宫廷的需要。

宋代尤以北苑贡茶著称,现存的宋代茶书,有陶榖《荈茗录》、叶清臣《述煮茶小品》、蔡襄《茶录》、宋子安《东溪试茶录》、赵汝砺《北苑别录》、曾慥《茶录》、审安老人《茶具图赞》等,其中大部分为福建人的著作,这与宋代北苑贡茶的兴盛有较大关系。唐朝贡焙设在湖州顾渚山,自五代起,贡焙移到了福建建安(今福建建瓯)的北苑凤凰山。两宋时期的北苑贡茶,更将蒸青团饼茶的生产制作工艺发挥到极致,其选用茶芽的严格与制作工艺的精细,都是前代贡茶及各地民间茶焙所不及的,并且名目、种类繁多,极尽奢华之能事。特别是北宋丁谓、蔡襄督造的大小龙团茶,最负盛名。宋徽宗《大观茶论》中称赞道:“本朝之兴,岁修建溪之贡,龙团凤饼,名冠天下。”

为反映宋代团饼茶的制作、饮用、鉴别方法的进步,本书选取蔡襄的《茶录》与黄儒的《品茶要录》两种茶书,加以译注,供读者参考。

蔡襄(1012—1067),字君谟,兴化仙游(今福建仙游)人,曾官福建路转运使、枢密直学士、三司使、端明殿学士等,既是北宋名臣,又是著名的书法家,位列“苏黄米蔡”四大家之中,《宋史》本传称:“襄工于书,为当时第一。”除《茶录》外,还著有《荔枝谱》一卷,文集四十卷等。蔡襄担任福建转运使时,在前人进贡的大龙凤团茶基础上,挑选更为精华的茶叶,制作出小龙团茶。宋欧阳修《归田录》卷二称:“茶之品莫贵于龙凤,谓之团茶,凡八饼重一斤。庆历中,蔡君谟为福建路转运使,始造小片龙茶以进。其品绝精,谓之小团,凡二十饼重一斤,其价直金二两。”欧阳修又在《龙茶录后序》中称:“茶为物之至精,而小团又其精者,录序所谓上品龙茶者是也,盖自君谟始造而岁贡焉。”由此可知,北宋时期在蔡襄主持下的贡茶生产,是蒸青团饼茶制作工艺上的高峰,而蔡襄论述团饼茶点试方法的《茶录》,也相当程度上反映出当时制茶、饮茶的情形。

《茶录》分《论茶》与《论器》两部分,分别记述饮用团茶饼的要领与需用的器具。值得注意的是,《茶录》中所述的器具较之《茶经·四之器》所载,已减少很多。一方面是制作工艺的进步使器具减少,另一方面是饮茶方式的改变使然。唐代盛行陆羽始创并倡导的煎茶法，宋代则在煎茶法基础上又发展为点茶法，即将少量茶末置入茶盏，注入少量水调匀，再根据茶末多少灌注开水，边注入边用茶筅击拂，然后趁热饮用。由于点茶有技巧性，不同的人操作会产生一些差异，加之茶叶的品质及制作也有高下之分，于是产生了宋代盛行的“斗茶”活动。《茶录》中对斗茶品赏的鉴别方法作了记载，即通过观察茶汤水痕的出现先后与持续时间长短来判断茶的优劣。除此之外，篇中还涉及茶的烘焙、碾磨以及收藏等诸多方面。虽然只有短短一千馀字，但却称得上是反映宋代制茶、品鉴水平的一流茶书。

《茶录》的版本主要有宋刻《百川学海》本、明华珵刻《百川学海》本、《格致丛书》本、《五朝小说大观》本、《四库全书》本、民国间陶湘影刻宋《百川学海》本、据宋《百川学海》本排印之《丛书集成初编》本等。此次译注以陶氏影刻《百川学海》本为底本，校以宋刻《百川学海》本，文渊阁《四库全书》本、《丛书集成初编》本等。

黄儒的《品茶要录》也是宋代著名的茶书。黄儒字道辅，福建建安人，生卒年不详，熙宁六年(1073)进士。其作品流传下来的只有这部茶书。书中内容主要是探讨制造团饼茶的十种弊病，从中不仅可以看出当时的茶品鉴别方法，还可以通过对十种弊病的叙述推知北宋采茶、制茶技术的一些情况。宋代茶书多侧重记载团饼茶的品类、点试方法、点试器具及茶叶产地之类内容，而《品茶要录》另辟蹊径，着眼于团饼茶制造时易于出现的错误方法，所以《四库全书总目》称此书“与他家茶录惟论地产、品目及烹试器具者，用意稍别”。

《品茶要录》不见于《宋史・艺文志》，也未闻存有宋元刻本，现存最早的版本是明新安程百二刊《程氏丛刻》本。此外常见的还有宛委山堂、张宗祥钞校两种《说郛》本，《夷门广牍》本，《五朝小说大观》本，《四库全书》本等。其中《夷门广牍》本题为《茶品要录》，与《品茶要录》同书异名。有些版本后附有题为“眉山苏轼”所写的《书黄道辅品茶要录后》。据《四库全书总目》考证，此篇文字采自伪本《东坡外集》，为明人焦竑附入。本书依照这种意见将其删去。

此次译注《品茶要录》以上海古籍出版社《说郛三种》影印商务印书馆据张宗祥抄本排印之《说郛》本为底本，校以《说郛三种》影印宛委山堂《说郛》本、文渊阁《四库全书》本。

需要说明的是，宋代茶书记载的多是团饼茶的制作及饮用，而且大都集中反映建茶的情况，可是并不能将以北苑贡茶为代表的团饼一类紧压茶视作宋代茶叶品种的全部，需知宋代散茶的发展也极为迅速。《宋史·食货志》称："散茶出淮南归州、江南荆湖，有龙溪、雨前、雨后、绿茶之类十一等。"散茶不但品种多，而且产量也大，到南宋就已经逐渐超越团饼茶而占据上风。明谢肇淛《五杂俎》卷十一称："茗有片有散。片者即龙团旧法，散者则不蒸而干之，如今之茶也。始知南渡之后，茶渐以不蒸为贵矣。"宋元之交时，散茶已经取代蒸青团饼茶而成为流行的茶类。

八、明代的《茶疏》

南宋灭亡以后，历经元朝九十馀年的缓慢发展，又迎来明代这一中国茶史上的重要历史时期。明代炒青绿茶的制造工艺逐步完善，成为明清以降茶业生产的主流，并在绿茶的基础上，又进一步出现黄茶、白茶、黑茶等诸多茶类。如前文所述宋代茶书记载的茶类与实际茶类之间的关系一样，明代茶书虽然记述的多是炒青绿茶，但蒸青团饼茶并没有完全退出历史舞台，而在某些茶叶产区仍然存在——蒸青团饼茶与炒青散茶的消长关系从南宋一直到明代，持续了数百年。

炒青绿茶之所以成为明代茶叶的主流，首先在于明太祖朱元璋下令废除贡焙及专门制造团茶的旧制。《明实录·太祖实录》卷二一二："庚子诏……上以重劳民力，罢造龙团，惟采茶芽以进。其品有四，曰探春、也春、次春、紫笋。"明代社会饮茶风气也随之而变。

在茶类繁多且各类茶都发展迅速的环境中，明代茶书创作也异常繁盛，形成两宋之后的又一个高峰期。据近人万国鼎《茶书总目提要》著录，明代共有五十五种茶书，大部分产生于中后期，而且作者也以江浙一带为多。其中，尤以许次纾《茶疏》较为知名，也足以反映明代的茶学成就。

许次纾字然明，号南华，钱塘(今浙江杭州)人。记载其生平事迹的材料较少，从清人厉鹗《东城杂记》的记载中得知，许氏为"方伯茗山公之幼子，跛而能文，好蓄奇石，好品泉，又好客，性不善饮"，"所著诗文甚富，有《小品室》、《荡栉斋》二集等"。吴兴(今浙江湖州)人姚绍宪《题许然明茶疏序》称，许次纾有嗜茶之癖。姚氏一生种茶、制茶、饮茶，积累了丰富的经验，他将这些躬行而得的经验全部传授给许次纾，“故然明得茶理最精，归而著《茶疏》一帙”。

《茶疏》共有三十六则，主要记载明朝中后期的制茶、藏茶与饮茶方法和技术，涉及方面较多。如《炒茶》一则，详细记述炒青时选用的锅和柴火，以及炒制的技法；《采摘》一则，认为不同茶叶产区的采摘时机选择应因地制宜；《收藏》一则，专门探讨贮藏茶叶、保持香燥的方法等。书中还专门谈及明代罗岕蒸青茶类的采制情况。另外，许次纾极为注重饮茶与环境的关系，书中有专门篇幅论述适宜及不适宜饮茶的时间、地点、人物情况，对于茶文化的发展有积极意义。

《茶疏》的主要版本有万历三十五年（1607）许世奇刊本、《茶书二十种》本、《宝颜堂秘笈》本、《广百川学海》本、《说郛续》本、《重订欣赏编》本等。此次译注以《四库全书存目丛书》影印湖南图书馆藏明万历四十一年刻《茶书二十种》本为底本，校以据《宝颜堂秘笈》排印之《丛书集成初编》本、《说郛续》本。底本所缺部分补以《丛书集成初编》本。底本原书前有姚绍宪《题许次纾茶疏序》一篇，与古代茶叶科技关涉较少，径直删去。

本书的译注工作，完成于 2009 年 3 月，当年 11 月由上海古籍出版社出版。当时得到山东大学文史哲研究院教授徐传武师的指导与帮助，底本及参校本等相关材料承蒙金晓东博士代为复制。书稿完成后，又请卢和先生审阅，并润色过其中的译文。

尽管得到诸位师友的帮助，但因水平有限，成书仓促，存在较多遗憾。出版以来，重印多次，只是俗冗丛脞，未能做较大修订，仅在重印时偶有挖改。去年秋天，蒙上海古籍出版社慨允，对全书进行修订，《前言》也根据近年研读所得，做了改写。

宋一明

2016 年 9 月于福州

凡 例

一、底本讹谬，在原文中径行校改，并在注释中注明校改依据，不再单独列出校勘记。

二、底本中的注释，原以双行小字列于正文中，今改为单行小字，以与正文相区别。

三、底本中的墨钉或缺字，以□表示。

四、注释重在解释人名、地名、书名及专业术语。因有现代汉语译文可供参考，除少量繁难字句外，较少涉及字词意义的解释。

五、为便于读者理解原文，翻译时以达意为目的，不尽拘泥于原文字句。

六、原文中的古诗，只酌加注释，不翻译为现代汉语。

目　录

茶　经

[唐]陆羽　撰

一之源

茶者，南方之嘉木也。一尺[1]，二尺乃至数十尺。其巴山峡川[2]，有两人合抱者，伐而掇之。其树如瓜芦[3]，叶如栀子[4]，花如白蔷薇[5]，实如栟榈[6]，蒂如丁香[7]，根如胡桃[8]。瓜芦木出广州，似茶，至苦涩。栟榈，蒲葵[9]之属，其子似茶。胡桃与茶，根皆下孕[10]，兆至瓦砾[11]，苗木上抽。

【注释】

〔1〕一尺：唐尺有大小之分，一般用大尺。唐大尺一尺长度约等于今天的29—30厘米。

〔2〕巴山峡川：巴山，广义的大巴山指绵延川、甘、陕、渝、鄂五省市边境山地的总称，为四川、汉中两盆地的分界山；狭义则指在汉江支流任河谷地以东，重庆、陕西、湖北三地交界处的大巴山。峡川，指今重庆东部、湖北西部一带，与巴山所指范围大致相同。

〔3〕瓜芦：又名皋芦、皋卢、高芦等，常绿大叶乔木，外形似茶而口感苦涩。《茶经·七之事》引《桐君录》："又南方有瓜芦木，亦似茗，至苦涩，取为屑茶饮，亦可通夜不眠。煮盐人但资此饮，而交、广最重，客来先设，乃加以香芼辈。"《太平御览》卷八六七引晋裴渊《广州记》："酉阳县出皋芦，茗之别名，叶大而涩，南人以为饮。"《重修政和经史证类备用本草》卷十四引唐陈藏器《本草拾遗》："此木一名皋芦，而叶大似茗，味苦涩，南人煮为饮，止渴，明目，除烦，不睡，消痰，和水当茗用之。"可知自魏晋至唐代，皆有取瓜芦叶当茶饮的情况，而又以"南方"，尤其是交州、广州为常见。这在当时似乎也是一种风尚。唐皮日休《吴中苦雨，因书一百韵寄鲁望》："十分煎皋卢，半榼挽醽醁。"即点明所煎饮的是皋芦。现代也有学者认为瓜芦是茶树，属于山茶科植物，是茶树的中国大叶变种，并定名为：*camellia sinensis*（*L*），*var.*

macrophylla 或 *var.kulusis*。

〔4〕栀子：茜草科。常绿灌木。夏季开花，干燥花蕾可入药。

〔5〕白蔷薇：蔷薇科。落叶灌木。植株丛生，每年开花一次，花期在5—6月。在中国南北各省都有分布。

〔6〕栟(bīng)榈：亦作栟间，即棕榈，常绿乔木。果实为肾状球形，蓝黑色。

〔7〕蒂：底本作“叶”，《茶经》各版本中有“蕊”、“叶”、“茎”、“蒂”等不同说法。《太平御览》卷八六七引《茶经》作“蒂”，据改。丁香：*Eugenia caryophyllata*，又名丁子香、鸡舌香。桃金娘科。常绿乔木。是原产于印度尼西亚的一种香料植物，干燥花蕾可入药。

〔8〕胡桃：*Juglans regia*，胡桃科。落叶乔木。属深根性植物，主根发达，长度可达2—3米。

〔9〕蒲葵：棕榈科。常绿乔木。与棕榈皆属棕榈科，原产中国南部，福建、广东一带较常见。清顾炎武《菰中随笔》卷二：“蒲葵，即今之棕榈。”蒲，底本作“藏”，据《四库》本改。

〔10〕下孕：意为在土壤中滋生发育，即向下生长。

〔11〕兆：裂开，此指茶树生长时根系将土地撑裂。

【译文】

茶树是南方的优良树种。高度在一尺、二尺，直至几十尺不等。在巴山峡川一带，有两个人合抱那么粗的茶树，要将其枝条砍下才能采摘茶叶。茶树的外观像瓜芦木，叶子像栀子叶，花像白蔷薇花，果实像栟榈子，蒂像丁香蒂，根像胡桃根。瓜芦木产于广州，外形像茶，味极苦涩。栟榈是蒲葵类的植物，其种子像茶籽。胡桃和茶树的根系都向下生长，裂开土壤，伸到坚实的砾土层，苗木才向上生长。

其字，或从草，或从木，或草木并。从草，当作“茶”，其字出《开元文字音义》[1]；从木，当作“搽”，其字出《本草》[2]；草木并，作“荼”[3]，其字出《尔雅》[4]。

【注释】

〔1〕《开元文字音义》：唐开元二十三年(735)编成的字书，共三十卷，已亡佚。有辑本两种：一为收入《汉学堂丛书》的清黄奭辑本，一为收入《广仓

学窘丛书》的近人汪黎庆辑本。

〔2〕《本草》：本名《神农本草经》，因书中所记各药以草类为多，故称《本草》，已亡佚。《本草》之名始见于《汉书·平帝纪》，疑为汉人所作，后代屡有增广修补。唐显庆四年(659)修《新修本草》，增至二十卷，即所谓《唐本草》。此处或指《唐本草》。

〔3〕荼：中唐以后才出现"茶"字，之前都写作"荼"。宋魏了翁《鹤山集》卷四八《邛州先茶记》："且茶之始，其字为荼。如《春秋》书'齐荼'，《汉志》书'荼陵'之类，陆、颜诸人，虽已转入'茶'音，而未敢辄易字文也。若《尔雅》，若《本草》，犹从艸从余，而徐鼎臣训荼，犹曰：即今之茶也。惟自陆羽《茶经》、卢仝《茶歌》、赵赞《茶禁》以后，则遂易'荼'为'茶'。"清顾炎武通过查考唐代碑刻，所撰《唐韵正》卷四中肯定了魏了翁的观点。此处原作"茶"，据今本《尔雅》改。

〔4〕《尔雅》：我国古代第一部训诂书，也是最早的一部词典。一般认为是战国至西汉之间的学者所作，共十九篇。晋郭璞有《尔雅注》。但此处说"荼"字出自《尔雅》的说法是不准确的，因为在更早的《诗经》中，"荼"字已多次出现。如《邶风·谷风》："谁谓荼苦，其甘如荠。"《郑风·出其东门》："出其闉阇，有女如荼。"

【译文】

"茶"字的结构：或从草部，或从木部，或者草木两部兼从。从草部，应当写作"茶"，这个字出自《开元文字音义》；从木部，应当写作"梌"，这个字出自《本草》；草木两部兼从，写作"荼"，这个字出自《尔雅》。

其名，一曰茶，二曰槚〔1〕，三曰蔎〔2〕，四曰茗〔3〕，五曰荈〔4〕。周公〔5〕云："槚，苦荼。"杨执戟〔6〕云："蜀西南人谓茶曰蔎。"郭弘农〔7〕云："早取为茶〔8〕，晚取为茗，或一曰荈耳。"

【注释】

〔1〕槚(jiǎ)：原意指楸树。《说文解字·木部》："槚，楸也。从木，贾声。"这里是茶的别名，《尔雅·释木》："槚，苦荼。"郭璞注："树小似栀子，冬生叶，可煮作羹饮。今呼早采者为荼，晚取者为茗。一名荈。蜀人名之苦荼。"

〔2〕蔎(shè)：原是一种香草。《说文解字·草部》："蔎，香草也。从艸，设声。"段玉裁注认为是草香之意。这里也是茶的一种别名。

〔3〕茗：茶的一种别名。东汉许慎《说文解字》中原无此字，宋徐铉校订时补入，称："茗，荼芽也，从艸，名声，莫迥切。"《类篇·木部》："荼，茗也。"

〔4〕荈(chuǎn)：茶的一种别名。《大广益会玉篇·草部》中认为荈是"茶叶老者"。

〔5〕周公：周文王第四子，武王之弟，名旦。因其封地在周，故称周公。曾辅佐武王灭商，又被封于鲁。武王死后，成王年幼，周公摄政，平定武庚、管叔、蔡叔之乱。传说周公还曾制定礼乐制度。事具见《史记·鲁周公世家》。此处所引周公的话，实指《尔雅》。传说《尔雅》是周公所作，但不可信。

〔6〕杨执戟：扬雄(前53—18)，亦作杨雄，字子云，蜀郡成都人。扬雄曾官给事黄门侍郎，汉时侍郎、郎中等职皆须执戟守卫殿门，故别称"执戟"。扬雄所撰《方言》，是我国第一部方言词典，有晋郭璞注。扬雄还是汉赋的代表作家之一，有《甘泉赋》、《河东赋》、《羽猎赋》、《长杨赋》等。另有《太玄》、《法言》等著作。此处所说"杨执戟"当指《方言》，但是这句话并不见于今本《方言》。

〔7〕郭弘农：郭璞(276—324)，字景纯。东晋初官著作佐郎，后为王敦记室参军，因劝阻王敦起兵而被杀，追赠弘农太守，故称"郭弘农"。著作流传至今的有《尔雅注》、《方言注》、《山海经注》、《穆天子传注》等，明人辑有《郭弘农集》。《晋书》卷七二有传。

〔8〕茶：据今本《尔雅》郭璞注，当作"荼"。

【译文】

茶的名称：一为茶，二为槚，三为蔎，四为茗，五为荈。周公说："槚，就是苦荼。"杨雄说："蜀地西南的人称茶为蔎。"郭璞说："采摘早的称为茶，采摘晚的称为茗，或称为荈。"

其地，上者生烂石，中者生砾壤[1]，下者生黄土。凡艺而不实，植而罕茂。法如种瓜，三岁可采。野者上，园者次。阳崖阴林[2]，紫者上，绿者次；笋者上，牙者次[3]；叶卷上，叶舒次。阴山坡谷者，不堪采掇，性凝滞，结瘕疾[4]。

【注释】

〔1〕砾壤：指砂质土壤。砾，底本作“栎”，据《学津讨原》本改。

〔2〕阳崖阴林：阳崖，向阳的山崖。阴林，林阴覆盖之下。

〔3〕笋者上，牙者次：刚萌发的茶芽为上等，茶芽稍长的较差。牙，通“芽”。《说文解字·竹部》：“笋，竹胎也。”段玉裁注：“胎言其含苞。”《说文解字·草部》：“芽，萌芽也。”段玉裁注：“按此本作芽萌也，后人倒之。”

〔4〕瘕(jiǎ)疾：腹中所生肿块。

【译文】

茶树生长的地方：生长在土质坚硬的烂石土壤中的茶树最好，生长在土质稍硬的砂质土壤中的次之，生长在土质松软的黄土中的最差。如果用种子播植后不压实土壤，或采用移栽的种植方法，很少有生长得茂盛的。应该按照种瓜的方法去种植茶树，三年以后就可以采摘。野生的茶树最好，人工种植的稍差。生长在向阳的山崖、林阴覆盖下的茶树，芽叶呈紫色的好，呈绿色的稍差；茶芽刚刚萌发的好，茶芽稍长的稍差；茶叶还是反卷的好，已经展开的稍差。生长在背阴的山坡或山谷中的茶树，不值得采摘，因其性状凝滞，饮用后会得腹中结块的病。

茶之为用，味至寒，为饮，最宜精行俭德之人。若热渴凝闷、脑疼目涩、四支烦、百节不舒，聊四五啜，与醍醐〔1〕、甘露〔2〕抗衡也。

采不时，造不精，杂以卉莽〔3〕，饮之成疾。

【注释】

〔1〕醍醐：从牛奶中提炼出来的精华，味道甘美，可以入药。《涅槃经》卷十四《圣行品》：“譬如从牛出乳，从乳出酪，从酪出生酥，从生酥出熟酥，熟酥出醍醐，醍醐最上。”

〔2〕甘露：甘美的雨露。古人认为是“天之津液”，常将口感甘甜的液体比作甘露。

〔3〕卉莽：野草。

【译文】

茶的功效：茶的性味至寒，作为饮料，最适合精心一志、俭以养德的人饮用。如果感到热渴滞闷、头痛眼涩、四肢烦劳无力、关节不太舒畅，略微喝上四五口，就如同喝了醍醐、甘露一般。

茶如果不按时令采摘，制作技法不精细，混杂着杂草，饮用后就会生病。

茶为累也，亦犹人参。上者生上党[1]，中者生百济、新罗[2]，下者生高丽[3]。有生泽州[4]、易州[5]、幽州[6]、檀州[7]者，为药无效，况非此者。设服荠苨[8]，使六疾不瘳[9]。知人参为累，则茶累尽矣。

【注释】

〔1〕上党：隋上党郡。唐武德元年(618)置潞州，天宝元年(742)曾改为上党郡，领上党、壶关、长子、屯留、潞城、襄垣、黎城、涉、铜鞮、武乡等县，治上党。属河东道。辖境在今山西长治、壶关、涉县、武乡、屯留一带。

〔2〕百济、新罗：皆是朝鲜半岛古国。百济在朝鲜半岛西南部，新罗在朝鲜半岛东南部，与唐朝都有密切的政治、经济、文化往来。

〔3〕高丽：即高句丽，朝鲜半岛古国，在朝鲜半岛的北部。

〔4〕泽州：唐时领晋城、端氏、陵川、阳城、沁水、高平等县，治晋城。属河东道。辖境在今山西晋城、陵川、阳城、沁水一带。泽州盛产人参，《元和郡县志》卷一三记载，唐开元年间泽州贡赋中有人参。

〔5〕易州：隋上谷郡。唐武德四年(621)置易州，领易、容城、遂城、涞水、满城、五回等县，治易县。属河北道。辖境在今河北易县、涞水、徐水、满城一带。

〔6〕幽州：隋涿郡。唐武德元年改为幽州总管府，管幽、易、平、檀、燕、北燕、营、辽八州。幽州领蓟、幽都、广平、潞、武清、永清、安次、良乡、昌平等县，治蓟县。属河北道。辖境在今北京、天津及河北永清、安次一带。

〔7〕檀州：隋安乐郡。唐武德元年(618)置檀州，领密云、燕乐二县，治密云。属河北道。辖境在今北京密云、平谷一带。

〔8〕荠苨(jì ní)：*Adenophora trachelioides maxim*，桔梗科。草本植

物。形似人参，根可入药，但功效与人参不同。

〔9〕六疾不瘳(chōu)：六疾，指人遇阴、阳、风、雨、晦、明六气而生的各种疾病。《左传》昭公元年："阴淫寒疾，阳淫热疾，风淫末疾，雨淫腹疾，晦淫惑疾，明淫心疾。"瘳，病愈。

【译文】

饮茶的忧患，就像服用人参的忧患一样。上等的人参产自上党，中等的人参产自百济、新罗，下等的产自高丽。产自泽州、易州、幽州、檀州的人参，作为药物并没有效用，何况连这些都不如的呢！如果服用的是荠苨而非人参，那么疾病就不能痊愈。懂得服用人参的忧患，则饮茶的忧患就能全部知道了。

二之具

籝加追反[1]，一曰篮，一曰笼，一曰筥[2]。以竹织之，受五升[3]，或一斗[4]、二斗、三斗者，茶人负以采茶也。籝，《汉书》音盈，所谓"黄金满籝，不如一经"[5]。颜师古[6]云："籝，竹器也，受四升耳。"

【注释】

〔1〕籝(yíng)加追反：《茶经》中有用"反切法"注音处，皆不出陆羽之手，本书前言中已经讲过。所谓"反切法"，是用两个汉字来注出另一个汉字的音，反切上字取声，下字取韵和调。如"籝"字，《广韵》的注音是"以成切"，即声与"以"字相同，韵和调与"成"字相同。"反切"早期多称"某某反"或"某某翻"，唐末以后，多称"某某切"，实际上是一回事。此处所注"加追反"有误，是因"力追反"形近而讹所致，而"力追反"的注音又是由于"籝"字误作"羸"字导致的。唐陆德明《经典释文·周易音义·大壮》："羸，律悲反，又力追反。"

〔2〕筥(jǔ)：一种竹编的盛器。《诗经·召南·采蘋》："于以盛之，维筐及筥。"《毛传》以为"方曰筐，圆曰筥"。

〔3〕升：唐代有大升小升之分，大升一升大约相当现在的600毫升，小升一升大约相当现在的200毫升。

〔4〕斗：十升为一斗。

〔5〕黄金满籝，不如一经：语出《汉书·韦贤传》："故邹鲁谚曰：'遗子黄金满籝，不如一经。'"意思是说与其留给后代满筐的黄金，不如传授给他一部经书。籝，《茶经》注引作"籯"。

〔6〕颜师古(581—645)：名籀，字师古，以字行，京兆万年(今陕西西安市)人。撰有《汉书注》、《匡谬正俗》等。传见《旧唐书》卷七二、《新唐书》卷一九八《儒学传》。其《汉书注》辑录二十馀家《汉书》旧注，堪称《汉书》注释

的集大成之作。此处所谓“颜师古曰”实际出自颜注引如淳注:“籯,竹器,受三四斗。”并无“受四升”之说,颜氏认为“籯”为“筐笼之属是也。今书本籯字或作盈,又是盈满之意,盖两通也”。

【译文】

籯读音为“加追反”,又称篮,又称笼,又称筥。用竹子编织而成,有五升的容量,也有一斗、二斗、三斗容量的,是茶人背着采茶用的。籯,《汉书》中注音为“盈”,所谓“满籯的黄金,也比不上一部经书对人更有益处”。颜师古说:“籯是一种竹器,有四升的容量。”

灶,无用突〔1〕者。

釜〔2〕,用唇口者。

甑〔3〕,或木或瓦〔4〕,匪腰而泥〔5〕。篮以箄之〔6〕,篾以系之〔7〕。始其蒸也,入乎箄;既其熟也,出乎箄。釜涸,注于甑中〔8〕。甑,不带而泥之〔9〕。又以穀木〔10〕枝三亚者制之,散所蒸牙、笋并叶,畏流其膏〔11〕。

【注释】

〔1〕突:烟囱。唐时常用没有烟囱的灶制茶,以使火力集中于锅底。陆龟蒙《茶灶》诗:“无突抱轻岚,有烟映初旭。”即描写这种没有烟囱的灶。

〔2〕釜:古代的炊具,相当于今天的锅。

〔3〕甑(zèng):蒸煮器,用土坯烧制而成,后有用竹木制成的,类似于蒸笼,底下有七孔。

〔4〕瓦:用泥制坯后烧成的陶制品。

〔5〕匪腰而泥:匪,同“篚”,指圆形的竹筐。《汉书·地理志》颜师古注谓:“篚,竹器,筐属也。”此处意为在篚一样形状的甑的腰部涂上泥,以保持热量不易散失。

〔6〕篮以箄(bì)之:箄,同“箅”,是覆盖在甑底的竹箅。《说文解字·竹部》:“箅,蔽也。”清朱骏声《说文通训定声·履部》:“甑以蒸饭,底有七穿,以竹席蔽之。”《世说新语·夙惠》:“炊忘箸箄,饭落釜中。”此指在甑内放入像篮子一样有孔的竹箅。

〔7〕篾以系之：意为用竹篾系在箄上，以方便从甑中取出。

〔8〕注于甑中：锅中的水干了以后往甑中注水。

〔9〕不带而泥之：涂泥时周围不完全涂满。带，围绕。

〔10〕榖(gǔ)木：*Broussonetia papyrifera*，又名构树、楮树，落叶乔木。其树皮纤维韧性好，是造纸的原料。三国吴陆玑《毛诗草木鸟兽虫鱼疏》卷上："今江南人绩其皮以为布，又捣以为纸，谓之榖皮纸。"

〔11〕畏流其膏：避免茶叶中的液汁精华流失。膏，原意指油，这里指茶叶中液汁的精华。

【译文】

灶，不要用有烟囱的。

釜，用唇口形的。

甑，或用木制成，或用陶土烧制而成，在篚一样形状的甑的腰部涂上泥。在甑的内部，置入像篮子一样的有壁的箄，并用竹篾将它系住。开始蒸的时候，将装满芽叶的箄放入甑中，蒸熟之后，再从甑中取出箄。如果锅里的水干了，就从甑口注入水。给甑涂泥时，要留有缺口。又用有三个枝桠的榖树枝制成棍棒，用来翻动茶叶，将已蒸好的茶的芽、笋、叶摊开散热，避免茶叶中的膏汁流失。

杵臼[1]，一曰碓[2]，惟恒用者佳。

规，一曰模，一曰棬[3]。以铁制之，或圆，或方，或花。

承，一曰台，一曰砧。以石为之。不然，以槐、桑木半埋地中，遣无所摇动。

檐[4]，一曰衣。以油绢或雨衫单服败者为之。以檐置承上，又以规置檐上，以造茶也。茶成，举而易之。

芘莉音杷离[5]，一曰嬴子，一曰篣筤[6]。以二小竹，长三赤[7]，躯二赤五寸，柄五寸。以篾织方眼，如圃人土罗[8]，阔二赤，以列茶也。

棨[9]，一曰锥刀。柄以坚木为之，用穿茶也。

扑[10]，一曰鞭。以竹为之，穿茶以解茶也。

【注释】

〔1〕杵(chǔ)臼：杵为棒槌，臼呈凹形，两者配合以捣碎东西，多用木、石做成。唐时捣茶有专用的“茶臼”。唐柳宗元《夏昼偶作》：“日午独觉无馀声，山童隔竹敲茶臼。”其制作材质有木、石、瓷等不同种类。

〔2〕碓(duì)：原为舂米的用具，此指捣茶杵臼的别称。

〔3〕棬(quān)：原指用木条编成或屈木制成的盂型器物，这里指用铁制成的模子。

〔4〕檐：这里指铺在“承”上的纺织物，制作茶饼时将“规”放在檐上，便于取出制好的饼茶。

〔5〕芘莉(bì lì)：下文称“一曰筹筤”，又以竹制成，可知“芘莉”即“笓筣”。“笓筣”又称“筣笓”，也就是篱笆，此处指列置饼茶的器具。“羸子”，当是“籝子”之讹。

〔6〕筹筤(páng làng)：意同篱笆。

〔7〕赤：通“尺”。

〔8〕土罗：一种筛子。

〔9〕棨(qǐ)：在茶饼上钻孔的锥刀。

〔10〕扑：穿茶饼的竹条。

【译文】

杵臼，又称为碓，经常使用的好。

规，又称为模，还称为棬。用铁制成，有圆形、方形，还有花形的。

承，又称为台，还称为砧。用石头制成。不用石头而用槐、桑木制做时，就要将其半埋于土中，使用时才不会摇动。

檐，又称为衣。用油绢或破旧的雨衣、单衫制成。先将檐放置在承上，再将规放置在檐上，用来压制茶饼。茶饼制成后，揭起规再换新的。

芘莉读音为“杷离”，又称为籝子，还称为筹筤。取两根长三尺的小竹竿，留出二尺五寸作躯干，剩馀的五寸做把柄。用竹篾在两根竹竿中间织成方眼形筛子，就像种菜人用的“土罗”，其宽二尺，用来放置茶饼。

棨,又称为锥刀,柄以坚硬的木料做成,用来给茶饼穿孔。

扑,又称为鞭。用竹条编成,用来贯穿茶饼,以便于搬运。

焙[1],凿地深二尺,阔二尺五寸,长一丈。上作短墙,高二尺,泥之。

贯,削竹为之,长二尺五寸。以贯茶焙之。

棚,一曰栈。以木构于焙上,编木两层,高一尺,以焙茶也。茶之半干,升下棚;全干,升上棚。

穿音钏,江东[2]、淮南[3],剖竹为之;巴川峡山[4],纫穀皮为之[5]。江东以一斤[6]为上穿,半斤为中穿,四两、五两为小穿。峡中[7]以一百二十斤为上穿[8],八十斤为中穿,五十斤为小穿。字旧作钗钏[9]之"钏"字,或作贯"串"[10]。今则不然,如"磨、扇、弹、钻、缝"五字,文以平声书之,义以去声呼之[11],其字,以"穿"名之。

育[12],以木制之,以竹编之,以纸糊之。中有隔,上有覆,下有床,傍有门,掩一扇。中置一器,贮煻煨[13]火,令煴煴然[14]。江南梅雨[15]时,焚之以火。育者,以其藏养为名。

【注释】

〔1〕焙(bèi):这里指烘烤饼茶的土炉,原意是用微火烘烤。唐顾况《过山农家》:"莫嗔焙茶烟暗,却喜晒谷天晴。"即反映唐代烘烤茶的情况。

〔2〕江东:指芜湖、南京以下的长江下游南岸地区。

〔3〕淮南:大致指淮河以南,长江以北的安徽、江苏一带。

〔4〕巴川峡山:泛指今湖北西部与重庆东部的交界处。

〔5〕纫:用手搓、捻,使成线绳等。巴川峡山等地把穀树皮搓成绳来穿饼茶。

〔6〕斤:唐代一斤等于现在的660克左右。

〔7〕峡中:指长江三峡一带。

〔8〕穿:底本原脱,据《学津讨原》本补。

〔9〕钗钏:都是古时的首饰,钗插在头上,钏戴在腕上。

〔10〕贯串：贯是古代穿钱的绳子，把一千钱贯穿成串，称为一贯。穿成串的茶饼形似钱串，故也写作“串”。

〔11〕文以平声书之，义以去声呼之：古汉语中某些字有多种读音，每一种读音代表的字义不同，其声母、韵母均相同，只是声调不同，也被称为“四声别义”。

〔12〕育：此处指储藏饼茶的器具。

〔13〕煻煨（táng wēi）：热灰。

〔14〕煴（yūn）煴然：火势微弱的样子。

〔15〕梅雨：长江以南地区农历四五月间，正当梅子黄熟时节，常阴雨连绵，称为梅雨。

【译文】

焙，在地上挖出深二尺、宽二尺五寸、长一丈的坑。坑上面砌两尺高的短墙，涂上泥。

贯，用竹子削制而成，长二尺五寸。焙烤时用来穿茶饼的。

棚，又称为栈。用木头架在焙上，分作两层，高一尺，用来烘烤茶饼。茶饼烘烤至半干时，放到棚的下层，全干时，移到棚的上层。

穿读音为“钏”，江东、淮南一带是劈开竹竿制成，巴川峡山一带则是搓捻榖树皮制成。江东把一斤重的穿称作上穿，半斤重的称作中穿，四两、五两左右的称作小穿。峡中一带则把一百二十斤重的穿称作上穿，八十斤重的称作中穿，五十斤重的称作小穿。“穿”字原来的写法是“钗钏”的“钏”字，也有的写作“贯串”的“串”字。现在则不是这样，就像“磨”、“扇”、“弹”、“钻”、“缝”五个字，书写它们的字形时，读去声的与读平声的一样，但具体到某种特定的意义时，便要用去声来读它们，于是，“钏”或“串”便又用“穿”来命名它。

育，先用木制成框架，再用竹篾编织起来，再用纸糊上。中间有隔，上面有盖，下面有托架，旁边有门，并且关上一扇。在“育”中放置一个容器，里面贮盛热灰，让火势保持微弱。江南梅雨季节，则要生起明火。“育”的名称，来源于它有收藏、保存饼茶的功能。

三之造

凡采茶，在二月、三月、四月之间。茶之笋者，生烂石沃土，长四五寸，若薇蕨[1]始抽，凌露采焉。茶之牙者，发于藂薄[2]之上，有三枝、四枝、五枝者，选其中枝颖拔者采焉。其日有雨不采，晴有云不采。晴，采之、蒸之、捣之、拍之、焙之、穿之、封之，茶之干矣[3]。

【注释】

〔1〕薇蕨：薇科植物叶尖端卷曲，蕨科植物嫩叶前端卷曲如拳，此处比喻茶芽初抽时的样子。

〔2〕藂(cóng)薄：藂，同“丛”，指草木丛生的地方。《淮南子·俶真》高诱注：“聚木曰丛，深草曰薄。”

〔3〕茶之干矣：饼茶完全干燥。

【译文】

采茶一般都在二月、三月、四月之间。茶芽未萌发的，生长在烂石沃土中，有四五寸长，就像薇蕨刚开始抽芽，要乘着晨露未干时采摘。茶已发芽的，生长在丛生的草木中，有三枝、四枝、五枝的新梢，采摘时要选择那些长在中央且茶芽挺拔的。下雨时不采茶，虽是晴天但多云时也不要采。晴天时采摘，再经过蒸透、捣烂、拍压、烘烤、穿串、封藏等数道工序，饼茶就完全干燥了。

茶有千万状，卤莽而言，如胡人靴[1]者蹙缩然京虽文[2]也，犎牛臆[3]者廉襜然[4]，浮云出山者轮囷然[5]，轻飙拂水者涵澹然。有如陶家之子罗膏土，以水澄泚[6]之谓澄泥也。又如新治地者遇暴雨，流潦之所经。此皆茶之精腴。有如竹箨[7]者，枝干坚实，艰于蒸捣，故其形籭簁然[8]上离下师。有如霜荷者，至叶凋沮，易其状貌，故厥状委萃然。此皆茶之瘠老者也。

【注释】

〔1〕胡人靴：我国古代北方或西域少数民族常穿的长筒的鞋。

〔2〕京虽文：虽，民国间商务印书馆据张宗祥校明抄本排印《说郛》本（以下简称"张校《说郛》本"）作"锥"，《四库》本作"谓"，其义未详。

〔3〕犎（fēng）牛臆：犎，一种领肉隆起的野牛。臆，胸部。此比喻茶芽的形状像野牛胸部一样突出拳曲。

〔4〕廉襜（chān）然：边侧。襜，围裙。此指像系围裙一样有皱褶。

〔5〕轮菌然：屈曲的样子。《文选·七发》李善注引张晏《汉书注》："轮菌，委曲也。"

〔6〕澄泚（cǐ）：沉淀使水清亮。

〔7〕箨（tuò）：竹笋外面一片片的皮。

〔8〕籭簁（shāi shāi）然：散开的样子。清胡文英《吴下方言考》卷七：陆羽《茶经》："其形籭簁然。"案籭簁，散貌。吴谚谓物之散者曰"籭簁"。

【译文】

饼茶的形状多种多样，粗略地说，有像胡人的靴子一样皱缩的就像"京虽文"，有像野牛胸部一样起伏不平的，有像浮云出山一样曲折回旋的，有像轻风吹过水面一样表面有水波纹的。还有像陶工筛出、再放入水中沉淀的细土一样细腻的指的是澄泥。又有像新修整过的土地经过暴雨流水的冲刷，显得沟壑支离的。这些都是茶饼中的精品才有的特征。有些茶叶像竹笋壳，这种茶树枝干坚韧，所以叶子很难蒸透捣烂，做出来的茶饼形状松散而不紧实上字读如离，下字读如师。有些像经霜打过的荷叶，叶子凋枯，改变了原来的形状和面貌，因而饼茶形状干枯萎缩。这些都是饼茶中贫瘠、粗老的劣品具有的特征。

自采至于封，七经[1]。自胡靴至于霜荷，八等。或以光黑平正言嘉者,斯鉴之下也。以皱黄坳垤[2]言佳者,鉴之次也。若皆言嘉及皆言不嘉者,鉴之上也。何者?出膏者光,含膏者皱;宿制者则黑,日成者则黄[3];蒸压则平正,纵之[4]则坳垤。此茶与草木叶一也。茶之否臧[5],存于口诀。

【注释】

〔1〕"七经"后原衍"目"字,据《太平御览》卷八六七引《茶经》删。

〔2〕坳(āo)垤(dié):坳,指土地低凹处。垤,指小土堆。这里指茶饼的表面凹凸不平。

〔3〕宿制:隔一夜再焙制。日成:当天制成。唐孟诜《食疗本草》卷上《茗》认为"当日成者良。蒸捣经宿,用陈故者,即动风发气",会对人产生不好的作用。

〔4〕纵:放纵,放松,指压得不实。

〔5〕否(pǐ)臧:否定和肯定茶的好坏,实际上指鉴别茶的品质高低的方法。

【译文】

从采摘到封藏,经过七道工序。从如同胡人靴子一样皱缩的饼茶到像霜打过的荷叶一样干枯的饼茶,分为八个等级。有人把光亮黝黑、平整的看做好茶,这是最差的鉴别;把皱缩、色黄、表面凹凸不平的看做好茶,这是较次的鉴别。如果茶的好处和劣处都能说出来,这才是最好的鉴别。为什么这样说呢?因为压出茶汁的饼茶表面显得光洁,富含茶汁的则表面皱缩;隔夜制作的饼茶颜色会发黑,当天制作的则颜色发黄;蒸压得好则饼茶表面平整,蒸压得不好就会凹凸不平。在这个层面上讲,茶叶与草木叶子是一样的。茶品质的高低,另有口诀来鉴别。

四之器

风炉灰承 筥 炭檛 鍑 交床 夹 纸囊 碾拂末 罗合 则 水方 漉水囊 瓢 竹筴 鹾簋揭 熟盂 碗 畚 札 涤方 巾 具列 都篮[1]

【注释】

[1]《九之略》中称"但城邑之中,王公之门,二十四器缺一,则茶废矣",可知陆羽煎茶所用器具共二十四种。此处,列举了二十五种,最后一种"都篮"应当不在"二十四器"之内,因为唐封演《封氏闻见记》卷六"饮茶"称陆羽"造茶具二十四事,以都统笼贮之","都统笼"即"都篮",是用来放置茶具的。

【译文】

煮茶的工具有:风炉、筥、炭檛、鍑、交床、夹、纸囊、碾、罗合、则、水方、漉水囊、瓢、竹筴、鹾簋、熟盂、碗、畚、札、涤方、巾、具列、都篮。

风炉 灰承

风炉,以铜铁铸之,如古鼎[1]形。厚三分[2],缘阔九分,令六分虚中,致其圬墁[3]。凡三足,古文[4]书二十一字。一足云:"坎上巽下离于中。"[5]一足云:"体均五行去百疾。"[6]一足云:"圣唐灭胡明年铸。"[7]其三足之间,设三窗,底一窗以为通飙漏烬之所。上并古文书六字:一窗之上书"伊公"[8]二字,一窗之上书"羹陆"二字,一窗之上书"氏茶"二字,所谓"伊公羹、陆氏茶"也。置墆埭[9]于其内,设三格:其一格有翟[10]焉,翟者,火禽也,画一卦曰离;其一格有彪[11]焉,彪者,风兽也,画一卦曰巽;其一格有鱼焉,鱼者,水虫也,画一卦曰坎。巽主风,离主火,坎主水,风能兴火,火能熟水,故备其三卦焉。其饰以连葩、垂蔓、曲水、方文[12]之类。其炉,或锻铁为之,或运泥为之。其灰承,作三足铁柈[13]台之。

【注释】

〔1〕鼎:古代器物名,其形制常为三足两耳,早期用于烹煮食物,后为祭祀或铭记功绩的礼器。

〔2〕分:唐代度制有大小之分,一分约等于现在的0.36厘米或0.3厘米。

〔3〕圬墁(wū màn):涂抹,此处指在风炉内壁涂泥。

〔4〕古文:泛指演变为小篆之前的各种古文字。

〔5〕坎上巽下离于中:坎、巽、离均是《周易》的卦名。坎象征水,巽象征风,离象征火,下文中所说的"巽主风,离主火,坎主水,风能兴火,火能熟水,故备其三卦焉",指出了"坎上巽下离于中"的象征意义。即煮茶时,水在风炉上面的锅中,火在风炉内燃烧,风从风炉下进入帮助燃烧。

〔6〕体均五行去百疾:意为体内五行调和,能摆脱各种疾病。五行,古人把能够构成各种物质的水、火、木、金、土五种元素,称为五行。中医常借此学说来说明脏腑相互制约、平衡的关系。

〔7〕圣唐灭胡明年铸:圣唐灭胡,指唐代宗广德元年(763)彻底平定安史之乱。明年,第二年,即公元764年。也有观点认为唐肃宗回到长安的至德二载(757)为唐朝"中兴"且"灭胡"的年份,"灭胡明年"则为公元758年。

〔8〕伊公:指商臣伊尹,传说他善于烹煮。《史记·殷本纪》:"伊尹名阿衡。阿衡欲奸汤而无由,乃为有莘氏媵臣,负鼎俎,以滋味说汤,致于王道。"

〔9〕墆臬(dié niè):堆积的小山、小土堆。这里指风炉内放置架锅用的支撑物,其上部形状像城墙堞雉一样。

〔10〕翟(dí):长尾的野鸡。古人以其象征火,因而在其形象旁铸刻离卦。

〔11〕彪:虎,古人以虎为风兽。

〔12〕连葩、垂蔓、曲水、方文:皆是古代金属器物上常见的装饰图案。

连葩、垂蔓为类似植物缠绕交织的花纹;曲文为以“卍”字形反复勾连构成的几何纹样;方文同“方纹”,又称“雷纹”,是以连续的方折回旋形线条构成的几何图案。

〔13〕铁柈(pán):铁盘子。柈,同“盘”。

【译文】

风炉 附有灰承

风炉,是用铜或铁铸造而成的,就像古代鼎的形状。炉壁厚三分,炉口沿宽九分,空出剩下的六分,炉内壁用泥涂抹。风炉共有三只脚,脚上用上古文字铸有二十一个字,一只脚上是“坎上巽下离于中”,另一只脚上是“体均五行去百疾”,还有一只脚上是“圣唐灭胡明年铸”。这三只脚之间,留出三个洞口,把底下的一个口用作通风、漏灰烬的地方。口之上也用古文铸六个字:一个口上铸着“伊公”二字,另一个口上铸着“羹陆”二字,还有一个口上铸着“氏茶”二字,连起来就是“伊公羹,陆氏茶”。炉内放置炉床及有三个支鍑的架,一个上面刻有野鸡的形象,因为野鸡是象征火的禽类,就再刻画上“离卦”;一个上面刻有虎的形象,因为虎是象征风的兽类,就再刻画上“巽卦”;一个上面刻有鱼的形象,因为鱼是生活在水里的物类,就再刻画上“坎卦”。巽代表风,离代表火,坎代表水,风能使火旺盛,火能把水烧开,所以刻画上这三个卦。炉身上有连缀的花朵、下垂的藤蔓、曲水、方纹之类的图案作为装饰。风炉有的是用铁制成的,有的是泥制成的。灰承,是有三只脚的像桌台一样的铁盘子。

筥

筥,以竹织之,高一尺二寸,径阔七寸。或用藤。作木楦[1]如筥形,织之,六出[2]固眼。其底盖若利篋[3]口,铄[4]之。

炭檛[5]

炭檛,以铁六棱制之,长一尺,锐一,丰中,执细。头系一小锓[6],以饰楇也,若今之河陇[7]军人木吾[8]也。或作鎚,或作斧,随其便也。

火筴

火筴,一名筯[9],若常用者。圆直,一尺三寸。顶平截,无葱台勾锁[10]之属。以铁或熟铜制之。

鍑[11] 音辅,或作釜,或作鬴

鍑,以生铁为之。今人有业冶者所谓急铁[12],其铁以耕刀之趄[13]炼而铸之。内摸土而外摸沙。土滑于内,易其摩涤;沙涩于外,吸其炎焰。方其耳,以正令[14]也。广其缘,以务远也。长其脐,以守中[15]也。脐长,则沸中;沸中,则末易扬;末易扬,则其味淳也。洪州[16]以瓷为之,莱州[17]以石为之。瓷与石皆雅器也,性非坚实,难可持久。用银为之,至洁,但涉于侈丽。雅则雅矣,洁亦洁矣,若用之恒,而卒归于银也[18]。

交床[19]

交床,以十字交之,剜中令虚,以支鍑也。

【注释】

〔1〕木楦(xuàn):本指制鞋的木制模架,这里指制作筥之前先做好的筥形木制模架。楦,"楥"的俗字。

〔2〕六出:六方形或六角形。

〔3〕利篋:可能是竹篾编成的一种箱子。

〔4〕铄:《说文解字·金部》:"铄,销金也。"《文选·景福殿赋》:"故其华表则镐镐铄铄。"李善注解释"镐镐铄铄"为"谓光显昭明也"。此处引申为将竹筥底削制得平整光滑。

〔5〕炭楇(zhuā):捅投炭火的铁棍。

〔6〕锓(zhǎn):一种装饰物。

〔7〕河陇：古代指河西与陇右，在今甘肃省西部一带。

〔8〕木吾：木棒名。晋崔豹《古今注》卷上《舆服》："汉朝……御史、校尉、郡守、都尉、县长之类，皆以木为吾焉。"

〔9〕筯(zhù)：筷子。

〔10〕葱台勾锁：葱台为古建筑中常用的一种钉，此处可能指火筴顶部没有金属钉状物相勾连。

〔11〕鍑(fù)：锅。

〔12〕急铁：指利用废旧铁器再次冶炼而成的铁制品。

〔13〕趄(jū)：残破、破损的意思。

〔14〕正令：使其看上去端正。

〔15〕守中：指使火力集中。

〔16〕洪州：隋豫章郡。唐武德五年(622)置，领钟陵、丰城、高安、建昌、新吴、武宁、分宁等县，治钟陵。辖境在今江西南昌、永修、武宁、修水、铜鼓、高安、丰城、奉新一带。

〔17〕莱州：隋东莱郡。唐武德四年(621)置，领掖、胶水、即墨、昌阳等县，治掖县。辖境在今山东省胶莱河以东的莱州、莱阳、平度、即墨一带。

〔18〕归于银：从上文来看，此处"银"或当作"铁"，沈冬梅《茶经校注》称喻政《茶书》本作"铁"，仪鸿堂本注曰"当作铁"。

〔19〕交床：也称胡床，是一种自西北少数民族地区传入中原的坐具，形如马扎，收放自如。此处借指用来放置鍑的架子。

【译文】

筥

筥，用竹条编织而成，高一尺二寸，直径七寸。也有用藤编制的。先做成筥形的木架，再用竹条或藤条在其外面编织，并织出六角形的坚固洞眼。筥的底和盖就像"利箧"的口，要削制平整。

炭檛

炭檛，用六棱形的铁棒制成，长一尺，一端尖锐，中间粗，执握处细。头上系着一个小辗作为炭檛的装饰，就像当今河陇地区军士使用的"木吾"。有的做成锤形，有的做成斧形，各随其便。

火筴

火筴,又称作箸,就像常用的筷子一样。既圆又直,长一尺三寸。顶部平齐,没有葱台勾锁之类的装饰物。用铁或熟铜制成。

鍑读音为辅,有的写作"釜",有的写作"鬴"

鍑,用生铁铸成。也就是当今铁匠所说的"急铁",这是利用犁头之类的废旧农具冶炼、铸成的。鍑的内壁抹土,外壁抹沙。内壁土质细滑,容易磨洗;外壁沙质滞涩,便于吸收热量。鍑耳呈方形,以使之端正。鍑的口沿要宽一些,以使火力能涵盖全鍑。鍑的腹部要能够突出一些,以使火力能够集中。腹部突出,则水煮开时就可集中在鍑的中心位置沸腾;中心沸腾,则茶末就容易沸扬;茶末沸扬,则茶的味道更加醇厚。洪州的鍑有用瓷制的,莱州的鍑有用石制的。瓷制的与石制的都是雅致的器具,但质地不够结实,难以长久使用。用银制作的非常洁净,但稍嫌奢侈华贵。雅致固然雅致,洁净自是洁净,但要想长久使用,最终还是用银制的鍑好。

交床

交床,将材料十字交叉成支架,挖空中间部分,用来放置鍑。

夹

夹,以小青竹为之,长一尺二寸。令一寸有节,节已上剖之,以炙茶也。彼竹之筱[1],津润于火,假其香洁以益茶味,恐非林谷间莫之致。或用精铁、熟铜之类,取其久也。

纸囊

纸囊,以剡藤纸[2]白厚者夹缝之,以贮所炙茶,使不泄其香也。

碾 拂末

碾,以橘木为之,次以梨、桑、桐、柘。为臼,内圆而外方。内圆，备于运行也；外方，制其倾危也。内容堕[3]而外无馀。木堕形如车轮，不辐而轴焉[4]。长九寸，阔一寸七分。堕径三寸八分，中厚一寸，边厚半寸。轴中方而执圆[5]。其拂末[6]，以鸟羽制之。

罗合

罗末，以合盖贮之，以则置合中。用巨竹剖而屈之，以纱绢衣之。其合，以竹节为之，或屈杉以漆之。高三寸，盖一寸，底二寸，口径四寸。

则

则，以海贝、蛎蛤之属，或以铜、铁、竹匕策[7]之类。则者，量也，准也，度也。凡煮水一升，用末方寸匕[8]。若好薄者，减之；嗜浓者，增之，故云则也。

【注释】

〔1〕筱(xiǎo)：小竹子。

〔2〕剡(shàn)藤纸：唐时一种产于浙江剡溪的纸，以藤为原料制成，可以用来包装饼茶。唐李肇《国史补》卷下："纸则有越之剡藤苔笺。"

〔3〕堕：木制的碾轮。

〔4〕不辐而轴焉：没有辐条而有车轴。

〔5〕轴中方而执圆：轴的中段呈方形(能固定碾轮)，而手执的部分呈圆柱形。这样的设计便于碾压的操作。

〔6〕拂末：清理茶末的用具。

〔7〕匕策：匕，相当于今天的匙勺。策，古时用于计算的小筹。

〔8〕方寸匕：一种量药的用具。明李时珍《本草纲目》卷一引《名医别录》："方寸匕者，作匕正方一寸，抄散取不落为度。"

【译文】

夹

夹，用小青竹制成，长一尺二寸。距离一端约一寸的地方留有竹节，剖开节以上部分，用来夹着茶饼炙烤。在火上炙烤时，小青竹会渗出津液，借助于津液的香气，能够增加茶香，但恐怕只有在山林溪谷之间才能轻易得到。也有用精铁、熟铜之类材质制成的，考虑的是经久耐用。

纸囊

纸囊，用两层颜色白、质地厚的剡藤纸缝制而成，用来贮藏烤好的饼茶，使其香味不至于散失。

碾附有拂末

碾，用橘木制成，稍差的用梨木、桑木、桐木、柘木制成。做成臼的形状，内部圆而外部方。内部圆是为了便于转动，外部方是为了防止倾倒。碾内放置着堕而不留过多空隙。木堕形状像车轮，但只有轴而没有辐条。碾长九寸，宽一寸七分。堕的直径三寸八分，中间厚一寸，周边厚半寸。轴的中段呈方形，而手执的部分呈圆柱形。拂末，用鸟类的羽毛制成。

罗合

已罗筛过的茶末，用“则”舀放入盒中，再盖好盖子贮藏。罗是剖开粗大的竹竿并弯曲成圆形，再蒙上纱或绢做筛网而成的。盒子用竹节制成，也有弯曲杉木片再涂上漆制成的。高三寸，盒盖一寸，底高二寸，口径四寸。

则

则，用海贝、蛎蛤之类制成，也有用铜、铁、竹做成的匕或匙。则，即测量的标准、度量的意思。通常煮水一升，则要装一方寸匕的茶末。喜欢喝淡茶的，就减少一点；喜欢喝浓茶的，就增加一点，因而叫做“则”。

水方

水方，以椆木[1]、槐[2]、楸[3]、梓[4]等合之，其里并外缝漆之。受一斗[5]。

漉水囊[6]

漉水囊，若常用者，其格以生铜铸之，以备水湿无有苔秽[7]腥涩[8]意。以熟铜苔秽，铁腥涩也。林栖谷隐者，或用之竹木。木与竹非持久涉远之具，故用之生铜。其囊，织青竹以卷之，裁碧缣[9]以缝之，纽翠钿[10]以缀之，又作油绿囊[11]以贮之。圆径五寸，柄一寸五分。

瓢

瓢，一曰牺杓[12]。剖瓠[13]为之，或刊木为之。晋舍人杜毓[14]《荈赋》[15]云："酌之以匏。"匏[16]，瓢也。口阔，胫薄，柄短。永嘉[17]中，馀姚[18]人虞洪入瀑布山采茗，遇一道士，云："吾，丹丘子[19]，祈子他日瓯牺之馀[20]乞相遗也。"牺，木杓也。今常用以梨木为之。

竹筴

竹筴，或以桃、柳、蒲葵木为之，或以柿心木[21]为之。长一尺，银裹两头。

鹾簋[22]揭[23]

鹾簋，以瓷为之，圆径四寸，若合形，或瓶或罍[24]，贮盐花[25]也。其揭，竹制，长四寸一分，阔九分。揭，策也。

熟盂

熟盂，以贮熟水。或瓷或沙。受二升。

【注释】

〔1〕椆木：*Castanopsis eyrei* (*Champ.*) *Tutch*，山毛榉科。常绿乔木。

〔2〕槐：*Sophora japonica Linn.*，蝶形花科。落叶乔木。

〔3〕楸：*Catalpa bungei*，紫葳科。高大落叶乔木。

〔4〕梓：*Catalpa ovata Don*，紫葳科。落叶乔木。

〔5〕斗：唐时十升为一斗，斗有大小之分。大斗约合今天的6升，小斗约合2升。

〔6〕漉(lù)水囊：过滤水用的袋子。漉，过滤。

〔7〕苔秽：指铜与氧化合的化合物，因其呈绿色，色如苔藓，故称。俗称铜锈。

〔8〕腥涩：指下文提到的铁腥涩，是铁氧化后产生的性状。

〔9〕碧缣(jiān)：青绿色的细绢。缣，双丝织成的细绢。《说文解字·糸部》："缣，并丝缯也。"

〔10〕翠钿(diàn)：用青绿色珠宝镶嵌的首饰和器物。

〔11〕绿油囊：绿色油绢做成的袋子，有防水的功能。

〔12〕牺杓(sháo)：舀东西的器具，这里借做瓢的别称。杓，同"勺"。

〔13〕瓠(hù)：葫芦科草本植物瓠瓜 *Lagenaria siceraria var.hispida*，果实即葫芦。

〔14〕杜毓(？—311)：字方叔，西晋人，曾任中书舍人、国子祭酒，为贾谧"文章二十四友"之一。

〔15〕荈赋：杜毓所撰描写茶的赋。原赋已经散佚，清严可均《全晋文》卷八九从《北堂书钞》、《艺文类聚》、《太平御览》等书中辑出一部分。个别字句与《茶经·七之事》中所引有出入。

〔16〕匏(páo)：剖开葫芦制成的瓢的别称。

〔17〕永嘉：西晋怀帝的年号，公元307—312年。

〔18〕馀姚：唐属越州，今浙江馀姚。

〔19〕丹丘：神话中神仙居住的地方。丹丘子为传说中的人物。

〔20〕瓯牺之馀：喝剩的茶。瓯牺，饮茶用的杯杓。

〔21〕柿心木：有说法认为是一种乌木。《元和郡县志》卷二八称歙州黟县"有墨岭出墨石，又昔贡柿心木"。《太平寰宇记》卷一〇四：黟县，又《新安图经》：岁贡柿心墨木。黟之名县，职此之由。

〔22〕鹾(cuō)簋(guǐ)：盛盐的器皿。鹾，盐。簋，古代盛食物的器皿，也是祭祀用的礼器。

〔23〕揻：同"揭"，取盐用的长竹条。揻，底本作"楬"，据张校《说郛》本改。

〔24〕罍(lěi)：古代盛酒用的器皿。

〔25〕盐花：细盐粒。

【译文】

水方

水方，用椆木或槐、楸、梓之类木材制成盒状，并将内外及缝隙都涂上漆。有一斗的容量。

漉水囊

漉水囊，如果是平常使用的，其框架用生铜铸成，以防止经常湿水而有绿苔一样的铜锈及铁腥气味。因为用熟铜制作容易生铜锈，用铁制作容易产生腥涩气味。在林谷间隐居之人，也有用竹木做框架的。但木与竹都不耐用，也不便远行携带，因此还是要用生铜。滤水的袋子，先用青竹篾编织并卷为袋形，再裁取碧绿色的缣缝好，并缝缀上用翠钿作装饰的纽。还要用绿油绢做成个袋子贮放漉水囊。漉水囊直径五寸，柄长一寸五分。

瓢

瓢，又叫牺杓。剖开葫芦制成，也有用木头挖制而成的。晋舍人杜毓的《荈赋》说："用匏来饮茶。"匏，就是瓢。匏口很宽，胫部壁薄，柄又很短。西晋永嘉年间，馀姚人虞洪到瀑布山采茶，遇见一道士，道士说："我是丹丘子，希望你以后把杯杓中剩馀的茶送给我喝。"牺，就是木杓。现在常用的多以梨木制成。

竹筴

竹筴，有的用桃木、柳木、蒲葵木制成，有的用柿心木制成，长一尺，用银包住两端。

鹾簋附有揭

鹾簋，用瓷制成，直径四寸，像盒子的形状，也有像瓶子形的，也有像罍形的，用来贮放细盐粒。揭，用竹片制成，长四寸一分，宽九分。揭，是形似算筹的工具。

熟盂

熟盂，用来盛放开水。有瓷的，也有陶的。容量为二升。

碗

碗，越州[1]上，鼎州[2]次，婺州[3]次，岳州[4]次，寿州[5]、洪州[6]次。或者以邢州[7]处越州上，殊为不然。若邢瓷类银，越瓷类玉，邢不如越一也；若邢瓷类雪，则越瓷类冰，邢不如越二也；邢瓷白而茶色丹，越瓷青而茶色绿，邢不如越三也。晋杜毓《荈赋》所谓"器择陶拣，出自东瓯"。瓯，越也。瓯，越州上。口唇不卷，底卷而浅，受半升已下。越州瓷、岳瓷皆青，青则益茶，茶作白红之色。邢州瓷白，茶色红；寿州瓷黄，茶色紫；洪州瓷褐，茶色黑，悉不宜茶。

【注释】

〔1〕越州：此处指越州窑所产的碗。下同。越窑瓷是唐宋时期著名的青瓷品种。唐代越窑的遗址在浙江馀姚、上虞等地。唐时流行的煮茶或煎茶的方式，茶汤以颜色呈绿色为好。陆羽认为绿色的茶汤要用青瓷的碗来盛才能与之相配，也才能在茶碗的颜色映衬下，通过对茶汤颜色的观察来品鉴茶叶的优劣。唐陆龟蒙《咏秘色越器》："九秋风露越窑开，夺得千峰翠色来。好向中宵盛沆瀣，共稽中散斗遗杯。"即描写了这种青绿釉色茶碗。

〔2〕鼎州：唐天授三年(692)置，领云阳、醴泉、泾阳、三原等县，后废。辖境在今陕西泾阳、礼泉、三原一带。至今尚未发现鼎州窑的窑址。

〔3〕婺州：婺州窑在今浙江金华及衢州一带多有分布，已出土的唐代婺州窑瓷碗多为敞口、浅腹、小平底，釉色青或青灰，与陆羽尚青的评定标准相符。

〔4〕岳州：隋巴陵郡。唐武德四年(621)置巴州，六年(623)改为岳州，领巴陵、华容、沅江、湘阴、昌江等县，治巴陵。辖境在今湖南省长沙市以北的洞庭湖沿岸一带。岳州窑的遗址，在今湖南省湘阴县曾有发现，釉色有米黄、红棕、定青三种。

〔5〕寿州：隋淮南郡，唐武德三年(620)改为寿州。领寿春、安丰、霍山、盛唐、霍丘等县，治寿春。辖境在今安徽省淮南市以南霍山县一带。唐代寿州窑主要烧制黄釉瓷和少量黑釉瓷，遗址分布在今淮南市大通区上窑镇一带。

〔6〕洪州：洪州窑遗址在今江西省丰城县曾被发现，出土多为青釉瓷

器，多呈青褐、青黄色。

〔7〕邢州：隋襄国郡。唐武德元年(618)改为邢州，领龙冈、南和、巨鹿、平乡、任、尧山、内丘等县，治龙冈。辖境在今河北邢台、内丘、任县、巨鹿、平乡、广宗、南和一带。邢州窑址在今河北省邢台市内丘县、临城县均有分布。邢窑所产的白瓷在唐时非常著名，唐李肇《国史补》卷下："内丘白瓷瓯，端溪紫石砚，天下无贵贱通用之。"陆羽之所以不推崇邢窑瓷的原因在于唐代崇尚绿茶汤，用白瓷碗盛茶使得茶汤呈现出偏暗的颜色，视觉上不如青瓷碗中的茶汤悦目。

【译文】

碗

茶碗，越州出产的最佳，鼎州的稍逊一些，婺州的又差一些，岳州的再差一些，寿州和洪州的更差。也有人将邢州出产的排在越州之前，实际情况根本不是这样。比如邢窑瓷像银，越窑瓷则像玉，这是邢窑瓷不如越窑瓷的第一点；又如邢窑瓷像雪，越窑瓷则像冰，这是邢窑瓷不如越窑瓷的第二点；再如邢窑瓷色白而使茶汤泛红色，越窑瓷色青而使茶汤呈绿色，这是邢窑瓷不如越窑瓷的第三点。晋朝杜毓的《荈赋》说："挑选陶制茶具，好的产自东瓯。"瓯，即是越州。茶瓯也是以越州产的最佳，其口沿不卷边，瓯底凹而浅，容量在半升以下。越州瓷和岳州瓷都呈青色，青色瓷能增进茶汤色泽，茶汤呈白红色。邢州瓷颜色白，茶汤呈红色，寿州瓷颜色黄，茶汤呈紫色；洪州瓷颜色褐，茶汤呈黑色，这些都不宜用来盛茶。

畚〔1〕

畚，以白蒲〔2〕卷而编之，可贮碗十枚。或用筥，其纸帊〔3〕以剡纸夹缝令方，亦十之也。

札

札，缉栟榈皮，以茱萸木〔4〕夹而缚之。或截竹，束而管之，若巨笔形。

涤方

涤方,以贮涤洗之馀。用楸木合之,制如水方。受八升。

滓方

滓方,以集诸滓,制如涤方。处五升。

巾

巾,以絁布[5]为之,长二尺。作二枚,互用之,以洁诸器。

具列

具列,或作床[6],或作架。或纯木、纯竹而制之,或木或竹[7],黄黑可扃[8]而漆者。长三尺,阔二尺,高六寸。具列[9]者,悉敛诸器物,悉以陈列也。

都篮

都篮,以悉设诸器而名之。以竹篾内作三角方眼,外以双篾阔者经之,以单篾纤者缚之,递压双经[10],作方眼,使玲珑。高一尺五寸,底阔一尺,高二寸,长二尺四寸,阔二尺。

【注释】

〔1〕畚(běn):原指用草索编织的盛物器具,此处指放碗的器具。

〔2〕白蒲:白色的蒲苇。蒲苇 *Cortaderia selloana*,禾本科。草本植物。可供观赏。

〔3〕纸帊(pà):帛三幅曰帊。此处指用纸包裹茶碗,以防止因相互碰撞而破损。

〔4〕茱萸:茴香科。常绿小乔木。有浓烈香味,古代常于重阳节时佩茱萸囊以去邪辟恶。可入药,性温热。

〔5〕絁(shī)布:絁,粗绸子。

〔6〕床：类似井栏的、安放器物的一种架子。

〔7〕或竹："或"，底本作"法"，据张校《说郛》本、《四库》本改。

〔8〕可扃：指可以关上锁住。扃，《说文解字·户部》："扃，外闭之关也。"指从外关闭门户用的门栓。

〔9〕具列：底本作"其到"，据张校《说郛》本、《四库》本改。

〔10〕递压双经：用单细篾交错地编压在两道经向的宽竹篾上。

【译文】

畚

畚，用白蒲卷编而成，可以盛放十只茶碗。也有用筥装盛的，有两层剡藤纸缝制的纸帊，使之呈方形，也可盛放十只茶碗。

札

札，折取或搓捻棕榈皮后，用茱萸木夹紧捆牢。有的截取竹筒，捆扎搓捻后的棕榈皮，插入筒中而成为笔管，就像大毛笔的样子。

涤方

涤方，用来贮存洗涤后剩馀的水。用楸木做成盒形，制作方法如同水方。容量为八升。

滓方

滓方，用来盛放茶渣，制作方法如同涤方。容量为五升。

巾

巾，用絁布制成，长二尺。制作两块，交替使用以清洁器具。

具列

具列，有的做成床形，有的做成架形。有的纯用木制，有的纯用竹制，无论木制还是竹制，都要能关闭，并且漆成黄黑色。长三尺，宽二尺，高六寸。具列是收集、陈列全部器具的。

都篮

都篮，因全部器具都陈放于内而得名。用竹篾制成，里面编成三角方眼形，外部用两道宽竹篾作经线，再用一道细竹篾做纬线绑缚，交错地编压在两道宽竹篾做的经线上，呈方孔状，使之玲珑小巧。高一尺五寸，底宽一尺，高二寸，长二尺四寸，宽二尺。

五之煮

凡炙茶，慎勿于风烬间炙，熛焰[1]如钻，使炎凉不均。持以逼火，屡其翻正，候炮普教反。出培塿[2]，状虾蟆背[3]，然后去火五寸。卷而舒，则本其始又炙之。若火干者，以气熟止；日干者，以柔止。

其始，若茶之至嫩者，蒸[4]罢热捣，叶烂而牙笋存焉。假以力者，持千钧杵亦不之烂，如漆科珠[5]，壮士接之，不能驻其指。及就，则似无禳骨[6]也。炙之，则其节若倪倪[7]如婴儿之臂耳。既而承热用纸囊贮之，精华之气无所散越，候寒末之。末之上者，其屑如细米；末之下者，其屑如菱角。

【注释】

〔1〕熛(biāo)焰：飞迸的火焰。

〔2〕培(pǒu)塿(lǒu)：原意为小山丘，这里指突起的小疙瘩。

〔3〕虾蟆背：形容饼茶在烘烤时表面突起的小疙瘩像蛤蟆背一样不平整。

〔4〕蒸：底本作"茶"，据华氏本改。

〔5〕漆科珠：不详。

〔6〕禳(ráng)骨：禳，通"穰"。穰是黍茎的内包部分，《说文解字·禾部》："穰，黍梨已治者。"段玉裁注："已治，谓已治去其箬皮也。谓之穰者，茎在皮中如瓜瓤在瓜皮中也。"

〔7〕倪倪：幼弱的样子。

【译文】

但凡炙烤饼茶，注意不要在迎风的馀火上烤，因为飞迸的火焰就像钻头一样，使茶烤炙时受热不均。夹着饼茶靠近火，不停地翻转，等到饼茶表面烤出突起的像蛤蟆背一样的小疙瘩时，远离火五寸，继续烤炙。等到卷曲的茶叶逐渐舒展时，则按照原来的办法从头再烤一次。如果是烘干的饼茶，要烤到蒸汽冒出为止；如果是晒干的饼茶，要烤到柔软为止。

开始制饼茶时，如果是极嫩的茶叶，蒸后要趁热捣，捣得叶面烂了而芽尖仍然完整。即使是有力气的人，拿着千钧重的杵去捣，其芽尖仍不会被捣烂，就像“漆科珠”一样，壮士也难以拿稳捏牢。捣好之后的茶，如同没有筋骨的黍杆。烤炙之后，就会像婴儿的手臂一样柔弱绵软。烤好之后趁热贮藏在纸囊里，使茶的香气不散逸，等茶冷却下来就碾成细末。上等的茶末，颗粒形状像细米；下等的茶末，颗粒形状像菱角。

其火，用炭，次用劲薪[1]。谓桑、槐、桐、枥之类也。其炭，曾经燔炙[2]，为膻腻所及，及膏木[3]、败器[4]，不用之。膏木为柏、桂、桧也。败器谓朽废器也。古人有劳薪之味[5]，信哉。

【注释】

〔1〕劲薪：指桑树、槐树、桐树、枥树之类的硬木柴。

〔2〕燔(fán)炙：烤肉。

〔3〕膏木：富含油脂的木材。

〔4〕败器：朽坏腐烂的木器。

〔5〕劳薪之味：指使用很久的废旧木材用作柴火，会使食物产生不好的味道。《世说新语·术解》：“荀勖尝在晋武帝坐上食笋进饭，谓在座人曰：‘此是劳薪炊也。’坐者未之信，密遣问之，实用故车脚。”又《隋书·王劭传》：“昔师旷食饭，云是劳薪所爨，晋平公使视之，果然车辋。”

【译文】

烤茶的火，最好用木炭，其次用硬木柴。指桑木、槐木、桐木、枥木之类。凡是烤过肉、沾染了腥膻气味的木炭，以及油脂过多的木柴、腐烂的木器，都不能用来烤茶。膏木指柏木、桂木、桧木之类。败器指朽坏的木器。

古人认为所谓“劳薪”烧制出的食物味道不好,是可信的。

其水,用山水上,江水中,井水下。《荈赋》所谓“水则岷方之注[1],揖彼清流”。其山水,拣乳泉[2]、石地慢流者上。其瀑涌湍漱[3],勿食之,久食令人有颈疾。又多别流于山谷者,澄浸不泄,自火天[4]至霜郊[5]以前,或潜龙[6]蓄毒于其间,饮者可决之以流其恶,使新泉涓涓然,酌之。其江水,取去人远者。井取汲多者。

【注释】

〔1〕岷方之注:流经岷地的河流。岷方,蜀地。

〔2〕乳泉:从石钟乳上滴下的水。

〔3〕瀑涌湍漱:飞溅翻涌的急流。

〔4〕火天:指夏天。古人认为五行之中,火主夏,故称夏天为火天。

〔5〕霜郊:九月。晋陶潜《挽歌》:“严霜九月中,送我出远郊。”

〔6〕潜龙:古人认为龙蛇之类都居于水中,称为潜龙。

【译文】

煮茶的水,以山上的水为最好,其次是江水,井水最差。《荈赋》所说的“水则取自流经岷地的江河,舀取其流淌的清水”。山上的水,选取从石钟乳上滴下的和在石面上慢慢流淌的最好。汹涌翻腾的急流的水,不要饮用,经常饮用会使人颈部生病。还有一些汇流于山谷中的死水,看起来清澈,但浸渍而不流动,从炎夏到九月以前,可能会有龙蛇之类在其中积毒。饮用的人可以掘开口,使被污染的水流走,以便让新鲜的泉水涓涓流入,之后才能饮用。江水要取远离人居住地的。井水要取常用的井中的。

其沸,如鱼目[1],微有声,为一沸;缘边如涌泉连珠,为二沸;腾波鼓浪,为三沸。已上,水老,不可食也。初沸,则水合量调之以盐味,谓弃其啜馀。啜,尝也。市税反,又市悦反。无乃䃗䃉[2]而钟其一味乎?上古暂反,下吐滥反。无味也。第二沸,出水一瓢,以竹筴环激汤心，则量末当中心而下。有顷，势若奔涛溅沫，以所出水止之，而育其华也。

凡酌，置诸碗，令沫饽均。《字书》[3]并《本草》，饽均茗沫也。蒲笏反。沫饽，汤之华也。华之薄者曰沫，厚者曰饽，细轻者曰花。如枣花漂漂然于环池之上，又如回潭曲渚[4]青萍[5]之始生，又如晴天爽朗有浮云鳞然[6]。其沫者，若绿钱[7]浮于水滨[8]，又如菊英堕于鐏俎[9]之中。饽者，以滓煮之，及沸，则重华累沫，皤皤然[10]若积雪耳。《荈赋》所谓"焕如积雪，烨若春藪[11]"，有之。

【注释】

〔1〕鱼目：刚刚沸腾的水泡像鱼的眼睛。

〔2〕䤈鑑(gàn tàn)：没有味道。小注将两个字的反切注颠倒了。

〔3〕字书：古时称解释文字形音义的著作为字书。《隋书·经籍志》著录有《字书》两种，分别为三卷与十卷，今皆已佚。从与《本草》并列且解释文字的情形看，或是此二种之一。

〔4〕回潭曲渚：回旋曲折的池水中和洲渚上。

〔5〕青萍：浮萍。

〔6〕浮云鳞然：鱼鳞状的云。

〔7〕绿钱：苔藓的别称。晋崔豹《古今注》卷下《草木》："空室中无人行则生苔藓，或紫或青，名曰圆藓，又曰绿藓，亦曰绿钱。"

〔8〕水滨：底本作"水渭"，张校《说郛》本作"滨"，据改。

〔9〕鐏俎：鐏，通"樽"，盛酒的器具。俎，古时祭祀放置牺牲的礼器。

〔10〕皤(pó)皤然：原用来形容头发花白的样子，此处形容白色的茶末。

〔11〕烨若春藪：灿烂得像春天的花。烨，光辉、灿烂。藪，花。

【译文】

煮水时，沸腾的水泡像鱼眼，并且微有响声，称为"一沸"；锅边冒出像涌泉一样的连续水泡时，称为"二沸"；沸水像翻腾的波浪一样时，称为"三沸"。再继续煮下去，水就煮老了，不能饮用。刚开始沸腾的时候，根据水的多少放入适量的盐来调味，并将尝过剩下的水倒掉。啜,就是尝,音为市税反,又音市悦反。难道因为水味淡就偏爱咸味吗?上一个字音古暂反,下一个字音吐滥反。䶢䶣的意思是没有味道。第二沸的时候,舀出一瓢水,用竹筴在沸水的中心绕圈搅动,再用"则"量取适量的茶末对着沸水的中心投下。稍待片刻,沸水就像奔腾的波涛一样迸溅出泡沫,把先前舀出的水加入止沸,以保留茶汤中生成的精华。

饮茶的时候,需放置几个碗,把茶汤中的浮沫均匀地分配到各个碗中。在《字书》以及《本草》中,饽字都释为茶汤沫。音蒲笏反。这些浮沫是茶汤的精华。薄的叫沫,厚的叫饽,轻细的叫花。就如同枣花飘落在圆形的水池上,又如同回旋曲折的池水中、洲渚上刚刚长出的青萍,还如同晴朗的天空中鱼鳞般的浮云。沫,就像漂浮在水岸边的绿苔,又像撒落在樽俎中的菊花。饽,是茶渣煮出的,沸腾时浮沫不断积压,白白的像积雪一样。《荈赋》中说"明亮如积雪,灿烂如春花",的确有这样的景象。

第一煮水沸,而弃其沫,之上有水膜如黑云母[1],饮之则其味不正。其第一者为隽永,徐县、全县二反[2]。至美者曰隽永。隽,味也。永,长也。史[3]长曰隽永。《汉书》[4]:蒯通[5]著《隽永》[6]二十篇也。或留熟盂[7]以贮之,以备育华救沸之用。诸第一与第二、第三碗次之。第四、第五碗外,非渴甚莫之饮。凡煮水一升,酌分五碗。碗数少至三,多至五。若人多至十,加两炉。乘热连饮之,以重浊凝其下,精英浮其上。如冷,则精英随气而竭,饮啜不消亦然矣。

茶性俭,不宜广,则其味黯澹且如一。满碗啜半而味寡,况其广乎?其色缃[8]也,其馨㰷也。香至美曰㰷,㰷音使。其味甘,槚也;不甘而苦,荈也;啜苦咽甘,茶也。一本云:其味苦而不甘,槚也;甘而不苦,荈也。

【注释】

〔1〕黑云母:矿物名,黑色或深褐色的云母,属于硅酸盐矿物。

〔2〕徐县、全县二反:即有徐县反、全县反两种读音。

〔3〕史:依文意当作"味"。

〔4〕《汉书》：我国第一部纪传体断代史，记载西汉一朝从汉高祖到王莽的历史。东汉班固在其父班彪的著述基础上完成了绝大部分，殁后又经其妹班昭补撰"八表"，同郡人马续补撰《天文志》，全书始成完本。由本纪十二篇、表八篇、志十篇、列传七十篇构成，共一百篇，后人析为一百二十卷。有唐颜师古的《汉书注》及清王先谦《汉书补注》等。

〔5〕蒯(kuǎi)通：西汉人，善辩。原名彻，因避汉武帝讳，《史记》与《汉书》中均改称为"蒯通"。事见《史记·淮阴侯列传》及《汉书·蒯通传》。

〔6〕《隽永》：《汉书·蒯通传》："通论战国时说士权变，亦自序其说，凡八十一首，号曰《隽永》。"与此处所说二十篇有出入。《汉书·艺文志》著录《蒯子》五篇，入《诸子略》"纵横家"类，或是一书。

〔7〕盂：底本原脱"盂"字，据本书《四之器》补。

〔8〕缃(xiāng)：浅黄色。

【译文】

茶第一次煮沸时，要去掉浮沫，因为上面有层像黑云母一样的水膜，喝起来味道不正。第一次舀出的称为"隽永"，隽，有"徐县反"与"全县反"两种读音。茶味最佳的称为隽永。隽的意思是味，永的意思是长，回味悠长就被称为隽永。《汉书》中记载蒯通著有《隽永》二十篇。也有人把它储存在熟盂中，准备着供孕育茶汤精华和止沸时使用。其后舀出的第一、第二与第三碗茶汤，味道都稍差一些。第四碗、第五碗之外的茶汤，不是特别口渴就不要饮用了。但凡煮水一升，可分为五碗。碗的数量少则为三，多则为五。如果人多到十个，再增加两炉。要趁热连续饮用，因为重浊的茶渣凝聚在茶汤下部，而精华的茶沫漂浮在上部。如果茶汤放凉，精华会随着热气而消散，饮茶得不到享受也是自然的。

茶性俭约，不宜多加水，则其味微淡而且一致。满碗的茶汤，喝掉一半后就觉得味淡了，何况再多添加水呢？茶汤呈淡黄色，味道极香。香味特别好称为𩡻，𩡻读作"使"。口感甘甜的是"槚"；不甜而带苦味的是"荈"；喝进时略带苦味，咽下去感到甘甜的是"茶"。另一种版本说：味道苦而不甜的是"槚"；只甜不苦的是"荈"。

六之饮

翼而飞，毛而走，呿而言[1]，此三者俱生于天地间，饮啄以活，饮之时义远矣哉！至若救渴，饮之以浆；蠲忧忿[2]，饮之以酒；荡昏寐[3]，饮之以茶。

茶之为饮，发乎神农氏[4]，闻[5]于鲁周公。齐有晏婴[6]，汉有杨雄、司马相如[7]，吴有韦曜[8]，晋有刘琨[9]、张载[10]、远祖纳[11]、谢安[12]、左思[13]之徒，皆饮焉。滂时浸俗[14]，盛于国朝[15]。两都[16]并荆渝[17]间，以为比屋之饮[18]。

【注释】

〔1〕翼而飞，毛而走，呿(qū)而言：长翅膀能飞的禽类，长毛能跑的兽类，张口能说话的人类。呿，底本作“去”，据张校《说郛》本改。呿，张口的样子。

〔2〕蠲(juān)忧忿：消除忧虑悲愤。蠲，除去。

〔3〕荡昏寐：消除昏沉困倦。荡，洗涤，清除。

〔4〕神农氏：传说中上古三皇之一，又称炎帝，相传创制了耒耜，教人稼穑，故又称神农氏，被视为华夏族的始祖之一。古时有不少著作假托神农之名，如《汉书·艺文志》著录的《神农》二十篇、《神农兵法》一篇、《神农大幽五行》二十七卷、《神农教田相土耕种》十四卷、《神农黄帝食禁》七卷、《神农杂子技道》二十三卷，以及《茶经》中提到的《神农食经》等。此处所说发乎神农氏，是针对《七之事》中引《神农食经》“茶茗久服，令人有力，悦志”说的。

〔5〕闻：底本作“间”，据张校《说郛》本改。

〔6〕晏婴：字平仲，春秋之际齐国人。著名的政治家，节俭力行，受重于时，事见《史记·管晏列传》。相传晏婴撰《晏子春秋》，《茶经·七之事》引此书：“婴相齐景公时，食脱粟之饭，炙三弋，五卵，茗茶而已。”

〔7〕司马相如（约前179—前118）：西汉著名的辞赋作家，有《子虚赋》、《上林赋》、《长门赋》及字书《凡将篇》。此处提到的司马相如，指其所撰《凡将篇》，可参阅《茶经·七之事》所引。

〔8〕韦曜（204—273）：本名韦昭，字弘嗣，三国时吴人。为避司马昭讳，《三国志》作者陈寿改称韦曜。撰有《国语解》、《吴书》、《汉书音义》等书（后两种皆已亡佚）。传见《三国志》卷六五。

〔9〕刘琨（271—318）：字越石，晋朝诗人，"永嘉"晋室南迁后，有志恢复中原，坚持在北方斗争，后遇害。传见《晋书》卷六二。

〔10〕张载：生卒不详，字孟阳，西晋诗人，曾任著作郎、太子中舍人、中书侍郎等。与其弟张协、张亢均以文学著称，合称"三张"。明张溥《汉魏六朝百三名家集》辑有《张孟阳集》一卷。传见《晋书》卷五五。

〔11〕远祖纳：陆纳，字祖言，东晋时曾任吏部尚书。陆羽与之同姓，尊为远祖。

〔12〕谢安（320—385）：字安石，曾任东晋征讨大都督，指挥其侄谢玄等人大破前秦军队于淝水，卒赠太傅。传见《晋书》卷七七。

〔13〕左思（约252—？）：字太冲，临淄（今山东淄博）人，代表作有《三都赋》及《咏史诗》等。传见《晋书》卷九二。左思的《娇女诗》描写了二女的娇态，其中提到了茶，见本书《七之事》。以上所列举古代人物有关茶的事迹都见于本书《七之事》。

〔14〕滂时浸俗：指形成社会风尚。滂，滂沱，水多流的样子。浸，浸润，浸淫。

〔15〕国朝：古时本朝人称本朝为国朝，此处指唐。

〔16〕两都：指唐朝京城长安（今陕西西安）和东都洛阳（今河南洛阳附近）。

〔17〕荆渝：今湖北、重庆一带。渝，底本作"俞"，据张校《说郛》本、《学津讨原》本改。

〔18〕比屋之饮：家家户户都饮茶。比，接连。

【译文】

生翅膀能飞翔的禽类，长毛能奔跑的兽类，张口能说话的人类，这三类生物都生长在天地之间，靠饮、食维持生命，"饮"的来历和意义是多么深远啊！为了解渴，需要饮水；为了排遣忧忿，需要饮酒；为了消除昏沉困倦，需要饮茶。

把茶当做饮料，起源于神农氏，在鲁周公时才广为人知。春秋时齐国的晏婴，汉朝的杨雄、司马相如，三国时吴国的韦曜，晋朝的刘琨、张载、陆纳、谢安、左思等人，都喜欢饮茶。然而饮茶成为一种社会风尚，则是在本朝。西都长安、东都洛阳，还有荆州、渝州一带，茶已是家家户户都喝的饮料。

饮有粗茶〔1〕、散茶〔2〕、末茶〔3〕、饼茶〔4〕者，乃斫、乃熬、乃炀、乃舂〔5〕，贮于瓶缶之中，以汤沃焉，谓之痷茶〔6〕。或用葱、姜、枣、橘皮、茱萸、薄荷〔7〕之等，煮之百沸，或扬令滑，或煮去沫，斯沟渠间弃水耳，而习俗不已。

於戏！天育万物，皆有至妙。人之所工，但猎浅易。所庇者屋，屋精极；所著者衣，衣精极；所饱者饮食，食与酒皆精极之。茶有九难：一曰造，二曰别，三曰器，四曰火，五曰水，六曰炙，七曰末，八曰煮，九曰饮。阴采夜焙，非造也；嚼味嗅香，非别也；膻鼎腥瓯，非器也；膏薪庖炭，非火也；飞湍壅潦，非水也；外熟内生，非炙也；碧粉缥尘〔8〕，非末也；操艰搅遽，非煮也；夏兴冬废，非饮也。

夫珍鲜馥烈者〔9〕，其碗数三；次之者，碗数五。若座客数至五，行三碗；至七，行五碗。若六人已下，不约碗数，但阙一人〔10〕而已，其隽永〔11〕补所阙人。

【注释】

〔1〕粗茶：连同嫩茎一起采摘的茶叶。

〔2〕散茶：与饼茶、团茶之类的紧压茶相对而言，指蒸青后直接烘干而成的茶叶，没有经过拍打与研磨，从而基本保持着茶的原形。《宋史·食货志》："茶有二类，曰片茶，曰散茶。"片茶指团饼茶。

〔3〕末茶：指蒸青、捣碎后直接干燥而成的碎末茶。

〔4〕饼茶：即是陆羽在《茶经》中记述的蒸青饼茶。

〔5〕乃斫(zhuó)、乃熬、乃炀(yáng)、乃舂：分别为制造前文所述的粗茶、散茶、末茶、饼茶的主要方法。斫，用刀斧砍，指直接采摘茶树叶而制成粗茶。熬，蒸煮，指蒸煮后直接烘干成散叶茶。炀，焙烤茶叶，指经过焙烤极干后碾成末茶。舂，捶捣，指经过捣碎茶叶的工序制成饼茶。

〔6〕痷(yè)茶：指未经煮沸而仅用热水浸泡的茶。《大广益会玉篇·疒部》："痷殜，半卧半起病也。"引申为半生不熟。

〔7〕薄荷：*Mentha haplocalyx*，唇形科。多年生草本。茎叶可提取薄荷油、薄荷脑。也可入药，性凉，味辛。

〔8〕碧粉缥尘：指较差的茶末的颜色呈青绿与青白色。

〔9〕珍鲜馥烈：指香浓味美的新鲜茶。

〔10〕阙一人：指故意缺少一碗茶。

〔11〕隽永：留在熟盂中预备"育华救沸"用的茶汤。参见本书《五之煮》注释。

【译文】

饮用的茶有粗茶、散茶、末茶、饼茶等不同种类，分别经过砍伐、蒸煮、焙干、捶捣等主要程序加工，然后贮藏于瓶罐之中，用热水浸泡，称为痷茶。也有人用葱、姜、枣、橘皮、茱萸、薄荷等，与茶一起反复熬煮，或扬起茶汤使之柔滑，或煮开后去掉茶沫，这都是沟渠里废水一样的东西，但是这种习俗却流传不止。

呵！天生万物，都有其奥妙之处。但人们所擅长的，仅仅涉及浅显容易的事而已。居住的地方是房屋，房屋就造得极精美；所穿的是衣服，衣服就做得极精美；用来充饥果腹的是饮食，食物与酒就都极精美。茶有九个关键环节：一是制造，二是鉴别，三是器具，四是取火，五是择水，六是烤炙，七是碾末，八是烹煮，九是饮用。阴天采摘，夜里焙烤，不是好的制造方法；仅咀嚼品味与嗅闻香气，不是好的鉴别方法；有膻腥气味的鼎瓯，不是好的器具；油脂多的木材和厨房里沾染了油脂的炭，不是好的炭火；飞迸湍急的流水和淤积的死水，不是好的水源；饼茶外部熟而内部生，不是好的焙烤效果；青绿色与青白色的茶末，不是好的茶末；操作慌乱与搅动太急，不是好的煎煮方式；夏天饮茶而冬天不饮，不是好的饮茶习惯。

香浓味美的新鲜茶，只能煮三碗；味道差一些的茶，也只能煮到五碗。如果在座有五位客人，煮三碗传着喝；七位客人，煮五碗传着喝。如果客人在六位以内，可不计算碗数，只要按缺一人来煮就行，把“隽永”补给那一个人。

七之事

三皇[1]：炎帝神农氏。

周：鲁周公旦，齐相晏婴。

汉：仙人丹丘子，黄山君[2]，司马文园令相如，杨执戟雄。

吴：归命侯[3]，韦太傅弘嗣[4]。

晋：惠帝[5]，刘司空琨，琨兄子兖州刺史演[6]，张黄门孟阳[7]，傅司隶咸[8]，江洗马统[9]，孙参军楚[10]，左记室太冲[11]，陆吴兴纳，纳兄子会稽内史俶[12]，谢冠军安石，郭弘农璞，桓扬州温[13]，杜舍人毓，武康小山寺释法瑶[14]，沛国夏侯恺[15]，馀姚虞洪[16]，北地傅巽[17]，丹阳弘君举[18]，乐安任育长[19]，宣城秦精[20]，敦煌单道开[21]，剡县陈务妻[22]，广陵老姥[23]，河内山谦之[24]。

后魏[25]：瑯琊王肃[26]。

宋[27]：新安王子鸾，鸾弟豫章王子尚[28]，鲍昭妹令晖[29]，八公山沙门谭济[30]。

齐[31]：世祖武帝[32]。

梁[33]：刘廷尉[34]，陶先生弘景[35]。

皇朝[36]：徐英公勣[37]。

【注释】

〔1〕三皇：传说中的中国上古时代的三位帝王，有“伏羲、神农、黄帝”与“天皇、地皇、泰皇”等六种不同说法。三，底本作“王”，据张校《说郛》本改。

〔2〕黄山君：传说中的神异人物。《太平广记》卷二引《神仙传》：“后有黄山君者，修彭祖之术，数百岁犹有少容。彭祖既去，乃追论其言，以为《彭

祖经》。”

〔3〕归命侯：三国时吴国亡国之君孙皓(242—283)。西晋于太康元年(280)灭掉吴国后，封之为归命侯。

〔4〕韦太傅弘嗣：指韦昭，参见本书《六之饮》注释。

〔5〕惠帝：晋惠帝司马衷，西晋第二代皇帝，290—306年在位，在位后期发生“八王之乱”，加速了西晋的灭亡。

〔6〕琨兄子兖州刺史演：刘演，字始仁，刘琨之侄。《晋书》本传：“琨将讨石勒，以演领勇士千人，行北中郎将、兖州刺史，镇廪丘。”《晋书·愍帝纪》：建兴四年夏四月，“石勒陷廪丘，北中郎将刘演出奔”。廪丘，在今山东郓城、鄄城一带。

〔7〕张黄门孟阳：西晋诗人张载，参见本书《六之饮》注释。

〔8〕傅司隶咸：傅咸(？—294)，字长虞，北地泥阳(今甘肃省宁县东南)人，西晋傅玄之子。曾任司隶校尉。传见《晋书》卷四七。

〔9〕江洗马统：江统(？—310)，字应元，西晋陈留圉(今河南省通许县南)人。曾任太子洗马。传见《晋书》卷五六。统，底本作“充”，据后文引《江氏家传》及《晋书》改。

〔10〕孙参军楚：孙楚(约218—293)，字子荆，西晋诗人，太原中都(今山西平遥)人。曾任扶风王司马骏参军，故称“孙参军”，又曾任冯翊太守。传见《晋书》卷五六。

〔11〕左记室太冲：左思曾被齐王司马冏召为记室督。参见本书《六之饮》注释。

〔12〕纳兄子会稽内史俶：陆俶，陆纳兄长的儿子，东晋人。曾任会稽内史，其馀事迹不详。

〔13〕桓扬州温：桓温(312—373)，字符子，谯国龙亢(今安徽怀远)人。东晋大将，多次北伐，曾任扬州牧。传见《晋书》卷九七。

〔14〕武康小山寺释法瑶：武康，宋属吴兴郡，《宋书·州郡志》：“吴分乌程、馀杭立永安县，晋武帝太康元年更名(武康)。”在今浙江德清以西。释法瑶，永嘉时南渡，驻锡吴兴武康小山寺十九年，元徽年间圆寂，年七十六。传见梁释慧皎《高僧传》卷七。

〔15〕沛国夏侯恺：《太平广记》卷三一九引王隐《晋书》载其轶事较详，但语多虚妄。沛国，今江苏沛县一带。

〔16〕馀姚虞洪：馀姚，今属浙江。虞洪，《搜神记》中的人物。

〔17〕北地傅巽：《三国志·刘表传》裴松之注引《傅子》称："巽字公悌……文帝时为侍中，太和中（227—232）卒。"《三国志·傅嘏传》称傅巽为北地泥阳人，黄初中（220—226）为侍中尚书。傅巽作品有《七诲》、《槐树赋》、《蚊赋》、《奢俭论》、《笔铭》等，均已佚，清严可均《全三国文》卷三五有辑本。

〔18〕丹阳弘君举：丹阳，又称丹杨，晋时为丹阳郡，辖建邺、江宁、丹杨、于湖、芜湖等县。辖境在今江苏省西南部及与之接境的安徽省芜湖一带。弘君举，晋人，生平不详，作品见清严可均辑《全晋文》卷一三八。严氏称《隋书·经籍志》注"梁有骁骑将军《弘戎集》十六卷，疑即此"。

〔19〕乐安任育长：乐安，晋时为乐安国，辖高苑、临济、博昌、寿光等县。辖境在今山东省中部寿光、昌乐一带。任育长，《世说新语·纰漏》刘孝标《注》引《晋百官名》谓："任瞻，字育长，乐安人。父琨，少府卿。瞻历谒者仆射、都尉、天门太守。"底本原脱"乐"、"长"二字，据后文及《世说新语》补。

〔20〕宣城秦精：宣城，晋时为宣城郡，辖宛陵、宣城、陵阳、宁国、怀安等县。辖境在今安徽省南部宣城地区一带。秦精，《续搜神记》中的人物。

〔21〕敦煌单道开：敦煌，西晋时为敦煌郡，辖昌蒲、敦煌、宜禾、伊吾等县，十六国时期先后被前凉、前秦、后凉、西凉割据。辖境在今甘肃省敦煌、肃北一带。单道开，东晋僧人，《晋书》卷九五有传。

〔22〕剡县陈务妻：剡县，晋时属会稽郡，今浙江省嵊州市。陈务妻，《异苑》中的人物。

〔23〕广陵老姥：《广陵耆老传》中的人物。广陵，今扬州一带。

〔24〕河内山谦之：南北朝时河内郡在今河南省沁阳一带。山谦之，撰有《丹阳记》、《吴兴记》、《南徐州记》等，均已佚。

〔25〕后魏：指鲜卑拓跋氏建立的北魏（386—534），与三国时曹氏所建魏相区别，故别称后魏，后分裂为东魏和西魏。

〔26〕琅琊王肃：琅琊，今山东临沂一带。王肃（464—501），字恭懿，曾仕南朝与北魏。传见《魏书》卷六三。

〔27〕宋：东晋大将刘裕于420年建立，定都建康（今江苏南京），479年被萧道成建立的齐取代，为南朝第一个朝代，历史上又称"刘宋"。

〔28〕新安王子鸾，鸾兄豫章王子尚：皆是南朝宋孝武帝之子，刘子鸾封

新安王，刘子尚封豫章王。但据《宋书》所载，当是子鸾为兄，子尚为弟。《茶经》记述或有误。

〔29〕鲍昭妹令晖：鲍昭，即鲍照(约414—466)，字明远，南朝著名文学家，对后世文学影响较大，代表作有《芜城赋》、《登大雷岸与妹书》、《拟行路难》等，今存《鲍参军集》十卷。唐人因避武后嫌名，故作“鲍昭”。其妹鲍令晖，生卒不可考，今存诗七首，见《玉台新咏》卷四。

〔30〕八公山沙门谭济：八公山，在今安徽寿县附近，因相传汉淮南王刘安与八公在此学仙而得名。前秦与东晋淝水之战时，苻坚望见八公山草木，以为皆是晋兵，后演变为成语“草木皆兵”。沙门，梵语“室罗摩拏”的音译，佛教中指出家修行的僧徒。谭济，即“昙济”(？—475)，南朝僧人，撰有《七宗论》等，《名僧传钞》有传。

〔31〕齐：萧道成在479年取代刘宋建立，又称“萧齐”，定都建康。502年被萧衍建立的梁取代。

〔32〕世祖武帝：齐武帝萧赜，482—493年在位，是南朝齐的第二代皇帝。

〔33〕梁：萧衍于502年取代齐而建立，又称“萧梁”，定都建康。557年为陈霸先建立的陈取代。

〔34〕刘廷尉：刘孝绰(481—539)，本名冉，字孝绰。南朝萧梁时著名文士，曾任太子太仆兼廷尉卿。《梁书》卷三三有传。

〔35〕陶先生弘景：陶弘景(456—536)，字通明，南朝齐梁时著名道士，曾辅佐梁武帝萧衍夺齐帝位，建立萧梁政权，后隐居于句容句曲山(今江苏句容茅山)，称“山中宰相”。《梁书》卷五一、《南史》卷七六有传。

〔36〕皇朝：指陆羽所处的唐朝。皇朝是古人对于当朝的称呼。

〔37〕徐英公勣：徐世勣(594—669)，唐朝的开国功臣，赐姓李，封英国公。又因避太宗李世民讳，故称李勣。《旧唐书》卷九三、《新唐书》卷六七有传。此处列举徐勣，当是由于篇中所引唐修《本草》由其领衔奏上。

【译文】

上古三皇时代：炎帝神农氏。

周朝：鲁国周公旦，齐国相晏婴。

汉朝：仙人丹丘子，黄山君，文园令司马相如，给事黄门杨雄。

三国吴：归命侯孙皓，太傅韦弘嗣。

晋朝：惠帝，司空刘琨，刘琨兄长的儿子、兖州刺史刘演，黄门侍郎张载，司隶校尉傅咸，太子洗马江统，扶风参军孙楚，记室参军左思，吴兴太守陆纳，陆纳兄长的儿子、会稽内史陆俶，冠军将军谢安，弘农太守郭璞，扬州牧桓温，中书舍人杜毓，武康小山寺释法瑶，沛国夏侯恺，馀姚虞洪，北地傅巽，丹阳弘君举，乐安任育长，宣城秦精，敦煌单道开，剡县陈务的妻子，广陵老姥，河内山谦之。

后魏：琅琊王肃。

南朝宋：新安王刘子鸾，刘子鸾的兄弟豫章王刘子尚，鲍照的妹妹鲍令晖，八公山的僧人谭济。

南朝齐：世祖武帝。

南朝梁：廷尉刘孝绰，陶弘景。

本朝：英国公徐勣。

《神农食经》[1]："茶茗久服，令人有力悦志。"

周公《尔雅》："槚，苦荼。"

《广雅》[2]云："荆巴间采叶作饼，叶老者，饼成，以米膏出之。欲煮茗饮，先炙令赤色，捣末置瓷器中，以汤浇覆之，用葱、姜、橘子芼之[3]。其饮醒酒，令人不眠。"

《晏子春秋》[4]："婴相齐景公时，食脱粟之饭[5]，炙三弋[6]、五卵[7]、茗菜[8]而已。"

司马相如《凡将篇》[9]："乌喙[10]桔梗[11]□芫华[12]，款冬[13]贝母[14]木蘖[15]蒌[16]，芩[17]草芍药[18]桂[19]漏芦[20]，蜚廉[21]藋菌[22]□荈诧，白敛[23]白芷[24]□菖蒲[25]，芒消[26]□莞椒[27]茱萸。"

《方言》："蜀西南人谓茶曰蔎。"[28]

《吴志·韦曜传》："孙皓每飨宴，坐席无不率以七胜[29]为限，虽不尽入口，皆浇灌取尽。曜饮酒不过二升，皓初礼异，密赐茶荈以代酒。"

【注释】

〔1〕《神农食经》:《汉书·艺文志》方技略著录《神农黄帝食禁》七卷,清姚振宗《汉书艺文志条理》卷六:"案《御览》八百六十七引《神农食经》,《隋志》引《七录》有《黄帝杂饮食忌》二卷。《食经》、《杂饮食忌》即此《食禁》七卷之遗,其书盖言饮食宜忌。"

〔2〕《广雅》:三国魏张揖续补《尔雅》的训诂学著作,书名含有增广《尔雅》之意,隋朝时因避炀帝杨广讳,曾改称《博雅》。清人王念孙有《广雅疏证》。

〔3〕芼(mào):意为掺入肉羹的菜,引申为拌和。

〔4〕《晏子春秋》:旧题为春秋齐晏婴撰,一般认为大约成书于战国中晚期,主要记载晏婴的言行。曾经西汉刘向校理,有清人吴鼒延请顾广圻校刻《韩晏合编》本。今本八卷,文字与《茶经》所引稍有不同。参见本书《六之事》注释。

〔5〕脱粟之饭:用只脱去谷皮的粗粮做的饭食。

〔6〕三弋:弋,底本作"戈",据《太平御览》卷八六七引《晏子春秋》及清嘉庆间全椒吴氏刻《韩晏合编》本《晏子春秋》改。弋,禽。

〔7〕五卵:卵,底本作"卯",据清嘉庆间全椒吴氏刻《韩晏合编》本《晏子春秋》改。卵,鸡蛋。

〔8〕茗菜:茗,当依各本《晏子春秋》作"苔"。《太平御览》卷八六七引作"茗",《茶经》此条亦引自类书。菜,底本作"莱",据张校《说郛》本改。

〔9〕《凡将篇》:西汉司马相如所撰的一部字书,《汉书·艺文志》著录一卷,已亡佚。仅能依据《说文解字》、《艺文类聚》、《文选》李善注等书所引略窥一二。清任大椿《小学钩沉》、马国翰《玉函山房辑佚书》俱有辑本。清严可均辑《全汉文》卷二二:"案此转写脱四字。白芷之白,后人妄补。《汉艺文志》言《凡将篇》无复字。"此取严氏之说,以七字为一句。

〔10〕乌喙:是毛茛科草本乌头 *Aconitum carmichaeli* 的侧根,又称附子,味辛、甘,性大热,有毒。功效为回阳救逆,补火助阳,散寒止痛。

〔11〕桔(jié)梗:为桔梗科植物桔梗 *Platycodon grandiflorum* 的根。性平,味苦、辛,功效为开宜肺气、祛痰、排脓。

〔12〕芫华:即芫花,为瑞香科植物芫花 *Daphne genkwa* 的花蕾。性寒,味苦、辛。全株有毒,以花蕾和根毒性较大。功效为泻水逐饮,解毒杀

虫，消肿解毒，活血止痛。

〔13〕款冬：菊科植物款冬 *Petasitesjaponicus F. Schmidt* 的嫩叶柄和花苔，又名冬花。味辛，性温。功效为镇咳下气，润肺祛痰。

〔14〕贝母：多年生草本植物，百合科。可分为川贝母 *F.cirrhosa*、浙贝母 *Fritillaria thunbergii* 等类。浙贝母味苦，性寒；川贝母味苦、甘，性微寒。鳞茎供药用，功效为止咳化痰、清热散结。

〔15〕木蘖(niè)：即黄檗 *Phellodendron amurense Rupr.*，其干燥树皮可入药，又称为"关黄柏"。味苦，性寒。功效为清热燥湿，泻火除蒸，解毒疗疮。

〔16〕蒌：即蒌菜，胡椒科。明李时珍《本草纲目》卷十四中称，蒌就是蒟酱 *Piper betle L.*，味辛而香。功效为解瘴疠，去胸中邪恶气，温脾燥湿。

〔17〕芩：即唇形科植物黄芩 *Scutellaria baicalensis Georgi*，其干燥根可入药。性寒，味苦。功效为清热燥湿，泻火解毒，止血，安胎。

〔18〕草芍药：即赤芍，为野生芍药科植物芍药 *Paeonia lactiflora* 的块根。性微寒，味苦。功效为凉血，散瘀。

〔19〕桂：木樨科常绿乔木桂 *Osmanthus fragrans*，根、叶、花、果实均可入药。功效为散寒破结，化痰生津。

〔20〕漏芦：菊科植物漏芦 *Rhaponticum uniflorum* 的干燥根。性寒，味苦。功效为清热解毒，消痈，下乳，舒筋通脉。

〔21〕蜚廉：此指菊科飞廉属植物飞廉 *Carduus crispus L.*，性平，味微苦。功效为散瘀止血，清热利湿。

〔22〕雚菌：明李时珍《本草纲目》卷二八认为"雚菌"即"萑菌"，产于东海滨或沼泽地，类似于菌类。气味咸平，有小毒。现代也有观点认为"雚菌"即是《尔雅》中的"灌菌"。

〔23〕白敛：即白蔹，葡萄科植物白蔥 *Ampelopsis japonica* 的块根。性微寒，味苦、甘。功效为清热解毒，消痈散结。

〔24〕白芷：伞形科植物，根可入药。有兴安白芷 *Angelica dahurica* 川白芷 *A.anomala* 及杭白芷 *A.dahurica var. formosana* 等种类。性温，味辛。功效为祛风，散寒，燥湿。

〔25〕菖蒲：天南星科草本菖蒲 *Acorus calamus Linn* 的干燥根茎，有石菖蒲、水菖蒲等种类。石菖蒲性温，味辛、苦，功效为化湿开胃，开窍豁痰，醒

神益智。水菖蒲性温,味苦,功效为化痰开窍,健脾利湿。

〔26〕芒消:即芒硝($Na_2SO_4 \cdot 10H_2O$)。芒硝是一种分布很广泛的硫酸盐矿物,可入药。性寒,味咸、苦。功效为泻热通便,润燥软坚,清火消肿。

〔27〕莞椒:不详。吴觉农主编《茶经述评》推测为"华椒"之误,未知何据。

〔28〕《方言》:全称《輶轩使者绝代语释别国方言》,汉扬雄撰。参见本书《一之源》注释。蔎,底本作"葭",据本书《一之源》及《学津讨原》本改。

〔29〕七胜:胜,同"升",三国时一升约合今天的240.5毫升,七升约合1 431.5毫升。

【译文】

《神农食经》:"长期饮茶茗,可使人有气力,心志舒畅。"

周公的《尔雅》:"槚,是苦茶。"

《广雅》中说:"荆巴一带,采摘茶叶制成茶饼,叶子老的,制好后要沾些米糊。若要煮茶喝,需先把饼茶烤成略红的颜色,再捣成末放在瓷器中,用热水冲泡,再加入葱、姜、橘子等佐料后搅拌。饮茶可以醒酒,也会让人感觉难以入睡。"

《晏子春秋》:"晏婴作齐景公的国相时,吃的是粗粮饭,几样禽类肉、蛋和茗、菜而已。"

司马相如《凡将篇》:"乌喙、桔梗、□芫华,款冬、贝母、木蘖、蒌,芩、草芍药、桂、漏芦,蜚廉、雚菌、□荈诧,白敛、白芷、□菖蒲,芒硝、□莞椒、茱萸。"

《方言》:"蜀地西南的人把茶称为'蔎'。"

《吴志·韦曜传》:"孙皓每当设宴的时候,座中的人至少都要饮七升酒,即使不能全部咽下,也要把酒全倒进嘴里,表示喝完。韦曜酒量不过二升,孙皓起先很照顾他,暗中赐给他茶以代替酒。"

《晋中兴书》〔1〕:"陆纳为吴兴太守时,卫将军谢安常欲诣纳。《晋书》云纳为吏部尚书。纳兄子俶怪纳无所备,不敢问之,乃私蓄十数人馔。安既至,所设唯茶果而已。俶遂陈盛馔,珍羞必具。及安去，纳杖俶四十，云：‘汝既不能光益叔父，奈何秽吾素业？’”

《晋书》[2]：“桓温为扬州牧，性俭，每宴饮，唯下七奠拌茶果而已。”

《搜神记》[3]：“夏侯恺因疾死。宗人字苟奴，察见鬼神。见恺来收马，并病其妻。著平上帻[4]、单衣，入坐生时西壁大床，就人觅茶饮。”

刘琨《与兄子南兖州[5]史演书》云：“前得安州[6]干姜一斤、桂一斤、黄芩一斤，皆所须也。吾体中溃闷，常仰真茶，汝可置之。”

傅咸《司隶教》曰：“闻南市有蜀妪作茶粥[7]卖，为廉事打破其器具。□又卖饼于市。而禁茶粥以困[8]蜀妪，何哉？”

《神异记》[9]：“馀姚人虞洪入山采茗，遇一道士，牵三青牛，引洪至瀑布山。曰：‘予，丹丘子也。闻子善具饮，常思见惠。山中有大茗，可以相给，祈子他日有瓯牺之馀，乞相遗也。’因立奠祀。后常令家人入山，获大茗焉。”

【注释】

〔1〕《晋中兴书》：南朝宋何法盛撰，《隋书·经籍志》著录七十八卷，注云：“起东晋。”两《唐志》均著录八十卷。已佚。黄奭《汉学堂丛书》、汤球《九家旧晋书辑本》、王仁俊《玉函山房辑佚书补编》、陶栋《辑佚丛刊》等均有辑本。唐代刘知幾对于此书评价较高：“东晋之史，作者多门，何氏《中兴》实居其最。”

〔2〕《晋书》：《茶经》所引当是现已亡佚的某一家《晋书》，唐修《晋书·桓温传》：“温性俭，每燕惟下七奠柈茶果而已。”与《茶经》所引稍有不同。

〔3〕《搜神记》：东晋干宝（？—336）撰，魏晋南北朝时期志怪小说的代表作品。原本三十卷，唐时尚存，宋以后仅存十卷本，今本二十卷，当是明人所辑。书中记载神怪妖异、灾祥谶纬、奇梦感应等种种故事。有今人汪绍楹及李剑国校注本。

〔4〕平上帻：汉晋时低级武官常戴的一种便帽。《晋书·舆服志》：“介

帻服文吏”,“平上服武官也”。

〔5〕南兖(yǎn)州：永嘉之乱后,晋室南渡政权在长江流域侨置州郡,后人加“南”字以示区别。见清钱大昕《十驾斋养新录》卷六“晋侨置州郡无南字”条。《晋书·郗鉴传》:“元帝初镇江左,承制假鉴龙骧将军、兖州刺史,镇邹山。时荀藩用李述,刘琨用兄子演,并为兖州,各屯一郡,以力相倾,阖州编户,莫知所适。”案刘演为兖州刺史,屯廪丘,后为石勒所攻,亡于厌次(今山东惠民东),未闻有南渡之事。“南”字或系衍文。

〔6〕安州：今河北隆化一带。

〔7〕市：底本作“方”,据《太平御览》卷八六七引《司隶教》改。茶粥：又称“茗粥”,唐时一种羹汤。唐储光羲《吃茗粥诗》:“淹留膳茶粥,共我饭蕨薇。”底本“蜀妪”上衍“以困”二字,据《北堂书钞》卷一四四引《为司隶教》删。

〔8〕困：底本原脱“困”字,据清严可均《全晋文》卷五二引《北堂书钞》卷一四四补。

〔9〕《神异记》：晋王浮撰,内容大多记述神怪鬼异之事。已佚。《太平御览》、《太平广记》俱有征引,鲁迅《古小说钩沉》辑有八条。

【译文】

《晋中兴书》:“陆纳担任吴兴太守时,卫将军谢安经常想要拜访他。《晋书》里说陆纳担任的是吏部尚书。陆纳兄长的儿子陆俶埋怨陆纳不做准备,但又不敢质问,就私下准备了十多个人的饭菜。谢安到了以后,陆纳准备的只有茶和果品。陆俶于是摆出丰盛的饭菜,珍馐佳肴很齐全。谢安走后,陆纳打了陆俶四十棍,说:‘你既然不能把叔父我的品行发扬光大,为什么还要玷污我向来清廉朴素的操守呢?’”

《晋书》:“桓温任扬州牧,性好节俭,每次宴请时,只摆出茶与果品七盘而已。”

《搜神记》:“夏侯恺因病而去世。一个叫苟奴的同宗人,有看到鬼神的法力。他看到夏侯恺来收取马匹,并且使其妻子也染上病。夏侯恺头上戴‘平上帻’,身上穿单衣,进到屋里坐在生前所用的靠西墙的大床上,并向人讨茶喝。”

刘琨《与兄子南兖州刺史演书》中说:“日前得到你寄的安州干

姜一斤、桂一斤、黄芩一斤，都是我所需要的。我形神昏乱烦闷时，常要依赖真正的好茶来调理，你可以为我购买一些。”

傅咸《司隶教》说：“听说南方有蜀地老妇做了茶粥卖，卖茶粥的器具被廉事打破。□又在市中卖饼。禁止卖茶粥而为难老妇，这是为什么呢？”

《神异记》：“馀姚人虞洪进山采茶，遇见一个道士，牵着三头青牛，带领虞洪来到瀑布山前。道士说：‘我是丹丘子。听说你善于煮茶，希望能赠我一些。山里有大茶树，可以送给你，希望你以后有剩馀的茶汤送一些给我喝。’于是，虞洪用茶祭祀丹丘子。之后他经常让家人进山，找到了那棵大茶树。”

左思《娇女诗》[1]：“吾家有娇女，皎皎颇白皙。小字为纨素，口齿自清历。有姊字惠芳，眉目灿如画。驰骛翔园林，果下皆生摘。贪华风雨中，倏忽数百适。心为茶荈剧，吹嘘对鼎䥶[2]。”

张孟阳《登成都楼诗》[3]云：“借问杨子舍[4]，想见长卿庐[5]。程卓[6]累千金，骄侈拟五侯[7]。门有连骑客[8]，翠带腰吴钩[9]。鼎食随时进，百和妙且殊。披林采秋橘，临江钓春鱼。黑子过龙醢[10]，果馔逾蟹蝑[11]。芳茶冠六清[12]，溢味播九区[13]。人生苟安乐，兹土聊可娱。”

傅巽《七诲》[14]：“蒲桃、宛柰[15]，齐柿、燕栗，峘阳[16]黄梨，巫山朱橘，南中[17]茶子，西极石蜜[18]。”

弘君举《食檄》：“寒温[19]既毕，应下霜华之茗[20]。三爵而终，应下诸蔗[21]、木瓜[22]、元李[23]、杨梅[24]、五味[25]、橄榄[26]、悬豹[27]、葵羹[28]各一杯。”

孙楚《歌》[29]：“茱萸出芳树颠，鲤鱼出洛水[30]泉。白盐出河东[31]，美豉[32]出鲁渊[33]。姜桂茶荈出巴蜀，椒橘木兰出高山。蓼苏[34]出沟渠，精稗[35]出中田。”

【注释】

〔1〕《娇女诗》：西晋左思作，描写二女娇态，见《玉台新咏》卷二。此处只节引一部分，个别文字也稍有不同。全诗如下：吾家有娇女，皎皎颇白皙。小字为纨素，口齿自清历。鬓发覆广额，双耳似连璧。明朝弄梳台，黛眉类扫迹。浓朱衍丹唇，黄吻澜漫赤。娇语若连琐，忿速乃明愭。握笔利彤管，篆刻未期益。执书爱绨素，诵习矜所获。其姊字惠芳，面目粲如画。轻妆喜楼边，临镜忘纺绩。举觯拟京兆，立的成复易。玩弄眉颊间，剧兼机杼役。从容好赵舞，延袖像飞翮。上下弦柱际，文史辄卷襞。顾眄屏风画，如见已指摘。丹青日尘暗，明义为隐赜。驰骛翔园林，果下皆生摘。红葩掇紫蒂，萍实骤抵掷。贪华风雨中，倏忽数百适。务蹑霜雪戏，重綦常累积。并心注肴馔，端坐理盘槅。翰墨戢闲案，相与数离逖。动为垆钲屈，屣履任之适。止为荼菽据，吹嘘对鼎鑑。脂腻漫白袖，烟熏染阿锡。衣被皆重地，难与沉水碧。任其孺子意，羞受长者责。瞥闻当与杖，掩泪俱向壁。

〔2〕鼎鑑：鑑，或作镉，一种与鼎同类的烹饪器。

〔3〕《登成都楼诗》：西晋张载作，一作《登成都白菟楼诗》，此处仅节引后半部分，其前半部分为："重城结曲阿，飞宇起层楼。累栋出云表，峣嶭临太虚。高轩启朱扉，回望畅八隅。西瞻岷山岭，嵯峨似荆巫。蹲鸱蔽地生，原隰殖嘉蔬。虽遇尧汤世，民食恒有馀。郁郁小城中，岌岌百族居。街术纷绮错，高甍夹长衢。"

〔4〕杨子舍：指扬雄的住宅。《汉书・扬雄传》说扬雄年轻时贫困，当时家里很少有人来。

〔5〕长卿庐：《史记・司马相如列传》称司马相如娶卓文君后，回到成都居住的地方，"买田宅，为富人居久之"。

〔6〕程卓：西汉程郑与蜀卓氏徙至蜀地以后，因冶铸而成为巨富，见《史记・货殖列传》。累千金：形容其财富之多。

〔7〕骄侈拟五侯：《史记・货殖列传》记载蜀卓氏"富至僮千人。田池射猎之乐，拟于人君"。五侯，一指公侯伯子男五等爵位的诸侯，一指同时封侯者五人。《汉书・元后传》记载成帝河平二年(前27)同时封舅氏五人为侯，称五侯。后代也用以泛称权贵之家。

〔8〕门有连骑客：形容往来的皆是权贵。

〔9〕翠带：青绿色的衣带。吴钩：吴地所产的宝刀，似剑而略弯曲。

〔10〕黑子过龙醢（hǎi）：黑子，不详。龙醢，比喻极美的食品。醢，肉酱。

〔11〕蟹蝑（xiè）：蟹酱。

〔12〕六清：水、浆、醴、凉、医、酏六种饮料。《周礼·天官·膳夫》：“膳用六牲，饮用六清。”清，底本作“情”，据《太平御览》卷八六七引《登成都楼诗》改。

〔13〕九区：指九州。古人将中国分为冀、兖、青、徐、扬、荆、豫、梁、雍九州（《尚书·禹贡》），后以九州泛指天下。

〔14〕《七诲》：七，是古代的一种文体，源于西汉枚乘的《七发》。

〔15〕蒲桃宛柰（nài）：蒲地所产的桃与宛地所产的柰。蒲，在今山西境内。宛，在今河南省南阳市。柰，苹果的一种。

〔16〕峘阳：清钱大昕《潜研堂文集》卷一〇《答问七》引钱坫之说，认为峘为恒之讹，峘即北岳恒山。当据改。峘阳，恒山之南。

〔17〕南中：今四川、云南、贵州一带的泛称。

〔18〕西极石蜜：西极，指西方极远的地方，又指古代长安（今陕西西安）以西的疆域。石蜜，用甘蔗炼成的结成块的糖，也有说法认为是一种野蜂蜜，《本草纲目》卷三九《蜂蜜》条引陶弘景谓：“石蜜即崖蜜也，在高山岩石间作之。色青，味小酸。”

〔19〕寒温：寒暄，相见时互道天气冷暖。

〔20〕霜华之茗：本书《五之煮》中说作为茶汤精华的茶末，“重华累沫，皤皤然若积雪”，此处就是指这种漂浮着白色茶末的上等茶汤。

〔21〕诸蔗：即甘蔗。明方以智《通雅》卷四四：“甘蔗亦谓藷蔗，曰诸柘……吴氏《林下偶谈》曰：‘甘蔗，亦谓之诸蔗。’”

〔22〕木瓜：*Chaenomeles sinensis* 蔷薇科。落叶灌木或小乔木。果实有香气，可食用。也可入药，名“光皮木瓜”，性温，味酸。功效为舒筋，和胃化湿。

〔23〕元李：可能是李 *Prunus salicina Lindl* 的 ·种。

〔24〕杨梅：*Myrica rubra* 杨梅科。常绿乔木。果实供鲜食及入药，能生津止渴，用于口干，食欲不振。根、树皮可入药，功效为散瘀止血，止痛。

〔25〕五味：五味子 *chisandra*，木兰科。落叶木质藤本。果实入药，性温，味酸、咸。功效为敛肺，生津。

〔26〕橄榄：*Canavium album Raeuseh* 橄榄科橄榄属。常绿乔木。果实

可入药,性平,味甘、酸、涩。功效为清肺利咽,生津止渴,解毒。

〔27〕悬豹:未详何物。或指"玄豹"。晋张协《七命》:"丹穴之鹨,玄豹之胎。"李善注:"《列女传》陶答子妻曰:南山有玄豹。《六韬》曰:殷君玉盃象箸,不盛菽藿之羹,必将熊蹯豹胎也。"六臣注:"丹山之穴,凤雏也;豹,兽名;胎谓小者。"

〔28〕葵羹:即用冬葵 *Malva verticillata* 所做的羹汤。冬葵属锦葵科,一二年生草本,茎叶可食用,也可入药,能清热利湿。

〔29〕《歌》:《太平御览》卷八六七引作《出歌》。

〔30〕洛水:洛水源出陕西洛南县西北部,向东流经河南卢氏、洛宁、宜阳、洛阳、偃师,在巩义洛口汇入黄河。

〔31〕河东:晋河东郡,属司州。辖境在今山西运城、绛县、垣曲、平陆、芮城、永济、临猗一带。

〔32〕美豉:上等的豆豉,豆豉是用豆类发酵制成的调味作料。

〔33〕鲁渊:《太平御览》卷八六七引《出歌》作"鲁川",卷八五五引《古歌》作"鲁门"。所指当为鲁地,今山东西南部,河南东部一带。

〔34〕蓼苏:蓼,蓼科,蓼属 *Polygonum* 植物的泛称,种类甚多,通常生长在水泽中。苏,即紫苏 *Perilla frutescens*,唇形科,一年生草本。种子可榨油,茎叶可入药,性温,味辛。

〔35〕精稗(bài):指上等的精米。稗,精米。

【译文】

左思《娇女诗》:略

张载《登成都楼》写道:略

傅巽《七诲》:"蒲地的桃、宛地的柰、齐地的柿子、燕地的栗子、恒阳的黄梨、巫山的朱橘、南中的茶子、西极的石蜜。"

弘君举《食檄》:"嘘寒问暖之后,应该献上沫白如霜的茶;客人喝过几杯之后,应该敬上用甘蔗、木瓜、元李、杨梅、五味、橄榄、悬豹、冬葵做的羹各一杯。"

孙楚《歌》:略

华佗[1]《食论》:"苦荼,久食益意思。"

壶居士[2]《食忌》:“苦荼,久食羽化[3];与韭同食,令人体重。”

郭璞《尔雅注》云:“树小似栀子,冬生,叶可煮羹饮。今呼早取为荼,晚取为茗。或一曰荈,蜀人名之苦荼。”

《世说》[4]:“任瞻,字育长,少时有令名。自过江[5],失志[6]。既下饮[7],问人云:‘此为荼,为茗?’觉人有怪色,乃自分明云:‘向问饮为热为冷。’”

《续搜神记》[8]:“晋武帝世[9],宣城人秦精常入武昌山[10]采茗。遇一毛人,长丈馀,引精至山下,示以丛茗而去。俄而复还,乃探怀中橘以遗精。精怖,负茗而归。”

《晋四王起事》[11]:“惠帝蒙尘[12]还洛阳,黄门以瓦盂盛茶上至尊[13]。”

【注释】

〔1〕华佗(约 141—208):字元化,东汉末年医学家,曾发明“麻沸散”。《三国志》卷二九、《后汉书》卷八二有传。《食论》今已亡佚,具体内容不详。

〔2〕壶居士:唐代药书《类证本草》曾多次引壶居士的话。事迹未详。一说也称为壶公。壶公是传说中的仙人,《太平广记》卷一二引《神仙传》记载壶公常在屋中悬一空壶,晚上跳入壶中。

〔3〕羽化:道家称飞升成仙为羽化。

〔4〕《世说》:宋临川王刘义庆撰。余嘉锡《四库提要辩证》认为其书原名《世说新书》,因为省文的缘故简称《世说》,在五代、宋之时改称《世说新语》。分三十六门,记载东汉至东晋士大夫的轶事琐语,极具史料及文学价值。有南朝梁刘孝标注。此处所引略有删节。

〔5〕过江:西晋被前赵刘聪灭掉后,晋皇室南渡长江,定都建康,史称东晋。同时大批西晋旧臣、士族高门纷纷随晋室南渡,称为过江。

〔6〕失志:失去记忆力,意为糊涂、昏聩。

〔7〕下饮:余嘉锡《世说新语笺疏》引李详云:“陆羽《茶经》引此并原注云:‘下饮,谓设茶也。’”《百川学海》本无此注。

〔8〕《续搜神记》:又称《搜神后记》,旧题晋陶潜撰,一般以为南北朝时

伪托作品。明胡应麟编刊《祕册汇函》有辑本十卷，今人汪绍楹、李剑国有新辑本。

〔9〕晋武帝世：晋武帝，西晋开国皇帝，名炎，司马昭之子，256—290年在位。世字，底本脱，据《太平御览》卷八六七引《续搜神记》补。武帝，《太平御览》引作"孝武"。

〔10〕武昌山：《嘉庆一统志》卷三三五："武昌山：在武昌县南一百九十里。《方舆胜览》：'孙权都鄂，欲以武而昌，故名。'"

〔11〕《晋四王起事》：晋卢綝撰。《隋书·经籍志》著录四卷，所记多晋惠帝征讨成都王司马颖而军败于荡阴（今河南汤阴）之事。今已佚，清黄奭《汉学堂丛书》有辑本一卷。

〔12〕惠帝蒙尘：古时以蒙尘比喻君主流亡或失位而遭受垢辱。西晋惠帝时，发生"八王之乱"，永宁元年（301）赵王司马伦篡位，迁惠帝于金墉城。直至光熙元年（306），惠帝才回到洛阳，不久被毒死。

〔13〕黄门以瓦盂盛茶上至尊：黄门，宦官。瓦盂，陶盂，一种很粗陋的器皿。至尊，指晋惠帝。《晋书·惠帝纪》记载"八王之乱"时，惠帝出奔途中"市麓米饭，盛以瓦盆，帝噉两盂"。《晋四王起事》所记当是此事。

【译文】

华佗《食论》："苦荼，长期饮用有益于提高思维能力。"

壶居士《食忌》："苦荼，长期饮用会使人有羽化登仙般体轻的感觉；与韭菜同时服用，会使人体重增加。"

郭璞《尔雅注》中说："茶树小的像栀子，冬天也常绿，叶子可以煮成茶汤后饮用。现在称早采的叫荼，晚采的叫茗。也有称为荈的，蜀地的人称之为苦荼。"

《世说》："任瞻，字育长，年轻时口碑不错。南渡以后，变得糊涂了。已经倒好茶后，问别人说：'这是荼还是茗？'感觉别人有惊异的神情，就自己解释说：'刚才问的茶汤是热还是凉。'"

《续搜神记》："晋武帝的时候，宣城人秦精常进武昌山采茶。有一次，碰到一个毛人，身高一丈多，把秦精领到山下，指给他茶丛的位置后离去。不一会儿，毛人又返回，掏出怀里的橘子送给秦精。秦精很害怕，背着茶就回去了。"

《晋四王起事》:“惠帝流亡以后又回到洛阳,宦官用陶盂盛茶汤献给惠帝喝。”

《异苑》[1]:“剡县陈务妻,少与二子寡居。好饮茶茗,以宅中有古冢,每饮辄先祀之。二子患之曰:‘古冢何知?徒以劳意。’欲掘去之,母苦禁而止。其夜,梦一人云:‘吾止此冢三百馀年,卿二子恒欲见毁,赖相保护,又享吾佳茗,虽潜壤朽骨,岂忘翳桑之报[2]?’及晓,于庭中获钱十万,似久埋者,但贯新耳。母告,二子惭之。从是祷馈愈甚。”

《广陵耆老传》[3]:“晋元帝[4]时,有老姥每旦独提一器茗往市鬻之。市人竞买。自旦至夕,其器不减。所得钱散路傍孤贫乞人,人或异之。州法曹[5]絷[6]之狱中。至夜,老妪执所鬻茗器从狱牖中飞出。”

《艺术传》[7]:“敦煌人单道开,不畏寒暑,常服小石子。所服药有松、桂、蜜之气,所馀茶苏[8]而已。”

释道该说《续名僧传》[9]:“宋释法瑶[10],姓杨氏,河东人。元嘉[11]中过江,遇沈台真[12],请真君[13]武康小山寺。年垂悬车[14],饭所饮茶。大明[15]中,敕吴兴[16]礼致上京,年七十九。”

【注释】

〔1〕《异苑》:南朝宋刘敬叔撰,十卷。所记多神异之事,又兼以佛、道。《隋书·经籍志》入史部杂传类,《四库全书总目》入子部小说家类。有《津逮秘书》本。

〔2〕翳(yì)桑之报:春秋时晋大夫赵盾在首阳山打猎,在翳桑遇见一个名叫灵辄的人快要饿死了,赵盾给他东西吃,并允许他将食物带给母亲。后来晋灵公设宴与赵盾饮酒,准备在宴席上杀掉赵盾,双方发生争斗时,做了晋灵公甲士的灵辄为报答赵盾,反击灵公甲士以保护赵盾,后代称为“翳桑之报”。事见《左传》宣公二年。

〔3〕《广陵耆老传》:撰者不详,已佚,《隋书·经籍志》未著录。清文廷式《补晋书艺文志》卷二称“《太平御览》卷八六七引此书晋元帝时有老姥鬻

茗事”。从书名看，当是记载广陵一地人物故实的书。

〔4〕晋元帝：名睿，字景文，司马懿的曾孙，袭封琅琊王。西晋灭亡后，在王导等人的拥立下即帝位，定都建康，史称东晋。317—322年在位。

〔5〕法曹：司法官署名，掌管刑法。

〔6〕絷（zhí）：拴，捆；拘禁。

〔7〕《艺术传》：《太平御览》卷八六七引此条作“《晋书・艺术传》”，当是已经亡佚的某家《晋书》中的《艺术传》，与今《二十四史》中唐时所修《晋书》略有不同，可能是唐修《晋书・艺术传》的蓝本之一。

〔8〕茶苏：用茶和紫苏做成的饮料。

〔9〕释道该说《续名僧传》：《隋书・经籍志》著录梁释宝唱撰《名僧传》三十卷，《续名僧传》当是后人续宝唱之书。释道该说，其人不详，当有讹误。有说法以为隋唐间“释道悦”，然检《续高僧传》卷二七道悦传，并无为名僧作传的记载。而同书卷九法论传，有“自论爰初莅法，崇尚文府，虽外涉玄儒，而内弘佛教，所以绝采篇什，皆叙释风。当即续叙名僧，将成卷袟，未就而卒，本不遂行”的记载，或即所指。

〔10〕释法瑶：即竺法瑶。梁释慧皎《高僧传》卷七《宋吴兴小山释法瑶》：“元嘉中过江。吴兴沈演之特深器重，请还吴兴武康小山寺，首尾十有九年。自非祈请法事，未尝出门。居于武康，每岁开讲，三吴学者负笈盈衢。乃著《涅槃》、《法华》、《大品》、《胜鬘》等义疏。大明六年（462）敕吴兴郡致礼上京，与道猷同止新安寺，使顿渐二悟，义各有宗。至便就讲，銮舆降跸，百辟陪筵。瑶年虽栖暮，而蔬苦弗改，戒节清白，道俗归焉。宋元徽中卒，春秋七十有六。”

〔11〕元嘉：底本作“永嘉”，与法瑶生活年代不符，据《高僧传》卷七《宋吴兴小山释法瑶》改。

〔12〕沈台真：沈演之（397—449），字台真，南朝宋吴兴武康（今浙江德清）人。《宋书》卷六三、《南史》卷三六有传。

〔13〕请真君：前引《高僧传》作“请还”，（嘉泰）《吴兴志》引作“请居”。此处“君”字当是“居”字形近而讹，“真”字当系衍文。

〔14〕悬车：原指黄昏之前的一段时间，《淮南子・天文》：“爰止羲和，爰息六螭，是谓悬车。”古时也将七十岁的年龄称为“悬车”。汉班固《白虎通・致仕》：“臣年七十悬车致仕者，臣以执事趋走为职，七十阳道极，耳目不聪

明，跂踦之属，是以退老去避贤者，所以长廉耻也。”此处是指释法瑶的年龄，因为沈演之只活了五十多岁。

〔15〕大明：底本作“永明”，据《高僧传》卷七《宋吴兴小山释法瑶》改。

〔16〕吴兴：南朝宋时吴兴郡属扬州，今浙江湖州一带。

【译文】

《异苑》：“剡县陈务的妻子年轻时守寡，与两个儿子住在一起。她喜欢饮茶，宅院中有座古墓，每次饮用前都先以茶去祭祀。两个儿子不耐烦地说：‘古墓哪能知道？白白浪费心力而已。’并打算把古墓挖除，经他们的母亲苦劝才作罢。这天夜里，陈务的妻子梦见一个人对她说：‘我居住在这座墓里三百多年了，您的两个儿子常打算毁掉墓，全依靠您的保护，又奉好茶供我享用，虽说是深埋地下的朽骨，但哪能忘记报答您呢？’等到天亮，在庭院里拾到铜钱十万，好像埋藏了很长时间，但穿钱的绳子却是新的。她把这件事告诉两个儿子，他们很惭愧。从此，向古墓祭祀祈福更加虔诚。”

《广陵耆老传》：“晋元帝时，有个老妇每天早晨独自提着一罐茶到集市上卖。集市上的人竞相购买。但从早到晚，罐中的茶也不会减少。老妇把卖茶得来的钱都分给了路旁孤苦贫穷的人和乞丐，有的人感到很奇怪。州中的法曹将老妇囚禁在监牢中。到了夜里，老妪拿着卖茶的器皿，从监牢的窗户中飞了出去。”

《艺术传》：“敦煌人单道开不怕寒冷和炎热，经常服食小石子。他服用的药有松脂、桂、蜂蜜的气味，剩下的只是茶苏而已。”

释道该说《续名僧传》：“宋僧法瑶，俗姓杨，河东人，元嘉年间过江，遇到了沈台真，请他住持武康小山寺。那时法瑶年龄已经很老了，常以茶代饭。大明年间，皇帝下诏让吴兴地方官把法瑶送到京城，那时他已七十九岁了。”

宋《江氏家传》[1]：“江统，字应元，迁愍怀太子洗马[2]，常上疏，谏云：‘今西园卖醯[3]、面、蓝子[4]、菜、茶之属，亏败国体。’”

《宋录》[5]：“新安王子鸾、豫章王子尚，诣昙济道人[6]于八公山。道人设茶茗，子尚味之曰：‘此甘露也，何言茶茗?’”

王微《杂诗》[7]：“寂寂掩高阁，寥寥空广厦。待君竟不归，收领今就槚。”

鲍昭妹令晖著《香茗赋》。

南齐世祖武皇帝遗诏：“我灵座[8]上慎勿以牲为祭，但设饼果、茶饮、干饭、酒、脯而已。”

梁刘孝绰《谢晋安王饷米等启》[9]：“传诏李孟孙宣教旨，垂赐米、酒、瓜、笋、菹[10]、脯、酢[11]、茗八种。气苾新城，味芳云松[12]。江潭抽节，迈昌荇之珍[13]；壃埸擢翘[14]，越葺精之美。羞非纯束，野麏裛似雪之驴[15]；鲊异陶瓶[16]，河鲤操如琼之粲。茗同食粲，酢颜望楫。免千里宿舂，省三月种聚[17]。小人怀惠[18]，大懿难忘。”

【注释】

〔1〕《江氏家传》：《隋书·经籍志》著录，七卷，江祚等撰，已佚。

〔2〕愍(mǐn)怀太子：晋惠帝庶长子司马遹，惠帝时立为太子，颇好游宴，曾在宫廷内模拟市场买卖。时贾后专擅，遹与之有隙。元康九年(299)，贾后设计将他免为庶人，幽于金墉城。永康元年(300)被贾谧等人杀害。谥号“愍怀”。《晋书》卷五三有传。洗马：官职名，为太子属官，太子出行时为显威仪的前导。晋朝时还有掌管图籍、祭祀先师、讲经等职责。

〔3〕醯(xī)：醋。

〔4〕蓝子：蓼科植物蓼蓝 *Polygonumtinctrorium* 的种子。蓼蓝单称蓝，是一种染料植物。

〔5〕《宋录》：《隋书·经籍志》未著录，《隋书·经籍志》著录梁谢绰撰《宋拾遗》十卷，《旧唐书·经籍志》作《宋拾遗录》，未知是否即此书。

〔6〕道人：六朝时僧人的别称。

〔7〕王微(415—443)：字景玄，琅邪临沂(今山东临沂)人，南朝宋人。历司徒祭酒、太子中舍人等官。《宋书》卷六二有传。今存诗五首。其中《杂诗》两首，《茶经》所引为其一的末尾，全诗为：“桑妾独何怀？倾筐未盈把。自言悲苦多，排却不肯舍。妾悲叵陈诉，填忧不销冶。寒雁归所从，半途失

凭假。壮情忭驱驰，猛气捍朝社。常怀雪汉惭，常欲复周雅。重名好铭勒，轻躯愿图写。万里度沙漠，悬师蹈朔野。传闻兵失利，不见来归者。奚处埋旍麾？何处丧车马？拊心悼恭人，零泪覆面下。徒谓久别离，不见长孤寡。寂寂掩高门，寥寥空广厦。待君竟不归，收颜今就槚。”《茶经》所引与《玉台新咏》卷三所收偶有异文。

〔8〕灵座：也称灵位，指埋葬逝者后供奉神主的几筵。

〔9〕《谢晋安王饷米等启》：晋安王，南朝梁简文帝萧纲（503—551）初封晋安王，昭明太子萧统殁后立为太子。550年继皇帝位，年号“大宝”，在位仅两年即被侯景所害。启，古代一种文体，作下级向上级的书信之用。

〔10〕菹（zū）：腌菜。

〔11〕酢（cù）：同“醋”。

〔12〕气苾（bì）新城，味芳云松：气苾新城，形容所赐的米气味芳香。新城米为当时名产，严可均辑《全梁文》卷六六庾肩吾《谢湘东王赉米启》：“味重新城，香逾涝水。”苾，芳香。新城，在今浙江富阳以西。味芳云松，比喻酒味芳香。

〔13〕江潭抽节，迈昌荇（xìng）之珍：此句形容笋、菹两种食物味美超过菖荇。江潭，江边。昌，同“菖”，菖蒲。荇，又名萎馀，与菖皆为水草。

〔14〕壃埸（jiāng yì）擢翘：此句形容选取的是最好的瓜。壃埸，同“疆埸”，指田界。《诗经·小雅·信南山》：“中田有庐，疆埸有瓜。”

〔15〕羞非纯（tún）束，野麐裛（yì）似雪之驴：纯束，捆扎，语出《诗经·召南·野有死麕》：“林有朴樕，野有死鹿，白茅纯束。”麐，同“麕”，獐鹿。裛，缠裹。

〔16〕鲊（zhǎ）异陶瓶：陶瓶，典出晋朝陶侃母事，《世说新语·贤媛》：“陶公少时，作鱼梁吏，尝以坩鲊饷母。母封鲊付使，反书责侃曰：‘汝为吏，以官物见饷，非唯不益，乃增吾忧也。’”坩（gān），土器。

〔17〕免千里宿舂，省三月种聚：此句形容赐赠的食物可以吃很长时间，典出《庄子·逍遥游》：“适百里者宿舂粮，适千里者三月聚粮。”

〔18〕小人怀惠：原意为小人关心恩惠，这里是自谦的意思。《论语·里仁》：“君子怀德，小人怀土；君子怀刑，小人怀惠。”

【译文】

宋《江氏家传》：“江统，字应元，升任愍怀太子洗马的官职，经常上疏进谏规劝,说:‘现在西园卖醋、面、蓝子、菜、茶之类的东西,有损于国家的体统。’”

《宋录》:“新安王刘子鸾、豫章王刘子尚到八公山去拜访昙济道人。昙济道人用茶招待他们,刘子尚品尝后说:‘这是甘露,为什么要称为茶茗呢?’”

王微《杂诗》:略

鲍照的妹妹鲍令晖写有《香茗赋》。

南齐世祖武皇帝遗诏中说:“我死后,灵位上切记不要以牛羊等牺牲为祭祀品,只摆上饼果、茶、干饭、酒、肉干就可以了。”

梁刘孝绰《谢晋安王饷米等启》说:“传诏李孟孙传达了您的旨意,承蒙您赐赠米、酒、瓜、竹笋、腌菜、肉干、醋、茗八种东西。米气味芳香,像新城米一样;酒味香飘,犹如松树直冲云霄。抽节的竹笋,超过了菖、荇之类的珍馐;田园里摘来的瓜,比最好的还要好。赠送的肉干,虽然不是白茅包扎的獐鹿,却是精心包装的雪白肉干;鲊鱼有别于陶侃所赠,其原料河鲤,就像琼玉般的白米。饮茶和食用大米一样,醋的美味也令人期待。有了这些东西,即使出门远行,也不必再准备粮食。我感念您的惠赐,您的大德我是不会忘记的。”

陶弘景《杂录》[1]:“苦茶,轻身换骨[2],昔丹丘子、黄山君[3]服之。”

《后魏录》[4]:“瑯琊王肃,仕南朝,好茗饮、莼羹[5]。及还北地,又好羊肉、酪浆。人或问之:‘茗何如酪?’肃曰:‘茗不堪与酪为奴[6]。’”

《桐君录》[7]:“西阳[8]、武昌[9]、庐江[10]、晋陵[11]好茗,皆东人作清茗。茗有饽[12],饮之宜人。凡可饮之物,皆多取其叶,天门冬[13]、拔揳[14]取根,皆益人。又巴东别有真茗茶,煎饮令人不眠。俗中多煮檀叶并大皂李[15]作茶,并冷。又南方有瓜芦木,亦似茗,至苦涩,取为屑茶饮,亦可通夜不眠。煮盐人但资此饮,而交、广最重,客来先设,乃加以香芼辈[16]。”

【注释】

〔1〕陶弘景《杂录》：《太平御览》卷八六七引作《新录》，其馀不详。

〔2〕轻身换骨：底本作“轻换膏”，据《太平御览》卷八六七引《新录》改。

〔3〕黄山君：底本作“青山君”，据《太平御览》卷八六七引《新录》改。

〔4〕《后魏录》：不详。

〔5〕莼羹：以莼做成的羹。莼，又名水葵、凫葵，水莲科植物 *Brasenia schreberi*，多生于湖泊河流之中，叶呈椭圆形，有长柄浮水面，茎、叶柄表面有黏液，其尚未露出水面的嫩叶可食用，有清热、利水、消肿、解毒的功效。

〔6〕茗不堪与酪为奴：全句表面上说南方的茶不如北方的酪，实际包含南人不如北人高贵的隐义。不堪，不配。与酪为奴，给酪做奴隶。北魏杨衒之《洛阳伽蓝记》卷三《正觉寺》详细地记载了此事：“肃初入国，不食羊肉及酪浆等物，常饭鲫鱼羹，渴饮茗汁。京师士子，见肃一饮一斗，号为漏卮。经数年已后，肃与高祖殿会，食羊肉酪粥甚多。高祖怪之，谓肃曰：‘卿中国之味也。羊肉何如鱼羹？茗饮何如酪浆？’肃对曰：‘羊者是陆产之最，鱼者乃水族之长；所好不同，并各称珍；以味言之，甚是优劣。羊比齐鲁大邦，鱼比邾莒小国。唯茗不中，与酪作奴。’”

〔7〕《桐君录》：相传桐君是黄帝时的医官，此书为后人假托桐君所撰，已佚。《隋书·经籍志》著录有《桐君药录》三卷，可能与《桐君录》、《桐君采药录》为一书。清姚振宗《隋书经籍志考证》卷三七引南朝梁陶弘景《本草集注序》，称“有《桐君采药录》说其花叶形色”。

〔8〕西阳：两晋南北朝时西阳郡，在今湖北黄冈一带。《太平御览》卷八六七引《桐君录》作“酉阳”。

〔9〕武昌：两晋南北朝时武昌郡，在今湖北鄂州一带。

〔10〕庐江：两晋南北朝时庐江郡，在今安徽舒城一带。

〔11〕晋陵：两晋南北朝时晋陵郡，在今江苏常州一带。底本作“昔陵”，据《太平御览》卷八七六引《桐君录》改。

〔12〕饽(bò)：茶上的浮沫。

〔13〕天门冬：*Asparagus cochinchinensis* 亦称天冬草，百合科。多年生攀援草木。块根入药，性寒，味甘苦。

〔14〕拔揳：*Smilax china* 又作“菝葜”，百合科。落叶攀缘状灌木。分布于中国长江以南各地。根状茎入药，性平，味甘酸，功效为祛风利湿、消肿

止痛。

〔15〕大皂李：鼠李 *Rhamnus davurica Pall*.的别称。《本草纲目》卷六三《鼠李》："鼠李方音亦作楮李，未详名义。可以染绿，故俗称皂李及乌巢。"鼠李，鼠李科。落叶小乔木或开张的大灌木。果实入药，性凉，味苦甘。功效为清热利湿，消积杀虫。

〔16〕香芼辈：各种香草作料。

【译文】

陶弘景《杂录》："苦茶能够使身体轻快放松，从前丹丘子、黄山君常饮用。"

《后魏录》："琅琊人王肃在南朝做官的时候，喜欢饮茶和莼羹。出奔北朝之后，又喜欢吃羊肉和酪浆。有人问他：'茶和酪浆相比如何？'王肃说：'茶不能同酪比，茶不配给酪当奴隶。'"

《桐君录》："西阳、武昌、庐江、晋陵一带的人喜欢饮茶，主人都用清茶招待客人。茶有沫饽，喝了对人有好处。通常可以饮用的植物，大多选取叶子，而天门冬、拔揳却选取根部，但也都对人有好处。巴东地区有真正的茗茶，煎饮之后让人不想睡觉。民间还经常煮檀叶和大皂李当茶饮用，都很清凉爽口。南方还有一种瓜芦木，外形像茶，但特别苦涩，磨成细末后当茶饮，也可以使人整夜感觉不困倦。煮盐的人只爱喝这种瓜芦饮料，交州、广州的人最喜欢，客人来了先奉上，并且还要加上各种香料。"

《坤元录》〔1〕："辰州溆浦县〔2〕西北三百五十里无射山〔3〕，云蛮俗当吉庆之时，亲族集会歌舞于山上。山多茶树。"

《括地图》〔4〕："临遂县东一百四十里有茶溪。"

山谦之《吴兴记》〔5〕："乌程县西二十里有温山〔6〕，出御荈。"

《夷陵图经》〔7〕："黄牛、荆门、女观、望州等山〔8〕，茶茗出焉。"

《永嘉图经》〔9〕："永嘉县东三百里有白茶山。"

《淮阴图经》〔10〕："山阳县〔11〕南二十里有茶坡。"

《茶陵图经》[12]："云茶陵者，所谓陵谷生茶茗焉。"

【注释】

〔1〕《坤元录》：宋王应麟《玉海》卷一五引《中兴书目》："《坤元录》十卷，泰撰。"以为唐魏王李泰所撰。注："即《括地志》也，其书残缺，《通典》引之。"《宋史·艺文志》亦作魏王泰撰。宋尤袤《遂初堂书目》地理类也著录此书，但未记撰者与卷数。

〔2〕辰州：南朝属武陵郡，隋始置辰州。在今湖南沅陵一带。溆浦县：隋为辰溪县，唐武德五年(622)析置溆浦县，属辰州。今湖南省溆浦县。

〔3〕无射山：宋祝穆《方舆胜览》卷三〇引《坤元录》，《大明一统志》卷六五、《嘉庆一统志》卷三六六引宋王存《元丰九域志》均作"无时山"。《嘉庆一统志》称无时山在泸溪县西一百二十里，"今泸溪县西界东南至溆浦，中隔辰溪，相去殊远"。

〔4〕《括地图》：地理类书籍，撰者不详，《水经注》曾引用。已佚，有清王谟、黄奭、王仁俊三家辑本。

〔5〕《吴兴记》：南朝宋山谦之撰。《隋书·经籍志》著录三卷，已佚。内容为吴、晋、宋时期吴兴郡(今浙江湖州)之事，兼及所领十县。有明董斯张，清严可均、缪荃孙等辑本多种。

〔6〕乌程县：今浙江省湖州市。温山：在今湖州市北郊。

〔7〕《夷陵图经》：撰者及时代不详，已佚。夷陵，旧县名，晋宋时期故址在今湖北宜昌以东。

〔8〕黄牛：即黄牛山，北魏郦道元《水经注·江水二》："江水又东迳黄牛山，下有滩，名曰黄牛滩。"杨守敬疏："《隋志》，宜昌有黄牛山。《新唐志》，夷陵有黄牛山。在今东湖县(今湖北省宜昌县)西北八十里，亦曰黄牛峡。"荆门，即荆门山，《艺文类聚》卷七引《荆南图志》："宜都夷陵县东六十里南岸有荆门山。"《太平寰宇记》卷一四七：在宜都县西北五十里。女观，即女观山，《水经注·江水二》："夷道县……县北有女观山，厥处高显，回眺极目。古老传言，昔有思妇，夫官于蜀，屡愆秋期。登此山绝望，忧感而死，山木枯悴，鞠为童枯。乡人哀之，因名此山为女观焉。"在今湖北省宜都市西北。望州，即望州山，《方舆胜览》卷二九："望州山：在宜都县，可望见州。"《嘉庆一统志》卷三五〇："在东湖县西。"

〔9〕《永嘉图经》：撰者及时代不详，已佚。永嘉，东晋太宁元年(323)置永嘉郡，南朝宋、齐以后因之，唐武德五年(619)置嘉州。在今浙江省瓯江流域的温州一带。

〔10〕《淮阴图经》：撰者及时代不详，已佚。淮阴，北魏置淮阴郡，北周改为东平郡，隋开皇元年(581)复为淮阴郡，唐武德四年(621)改为东楚州。在今江苏淮阴、淮安一带。

〔11〕山阳县：晋义熙年间置山阳郡，隋大业初属江都郡，唐为楚州州治。今江苏省淮安市。

〔12〕《茶陵图经》：撰者及时代不详，已佚。茶陵，西汉置茶陵县，以在茶山之阴而得名，属长沙国。魏晋南北朝时期属湘东郡，隋唐时屡有废兴。今湖南省茶陵县。

【译文】

《坤元录》："辰州溆浦县西北三百五十里有座无射山，据说当地蛮夷人的习俗是，在吉庆的日子，亲族都会聚在此山上，载歌载舞。山上有许多茶树。"

《括地图》："临遂县东一百四十里有条茶溪。"

山谦之《吴兴记》："乌程县西二十里有座温山，出产御荈。"

《夷陵图经》："黄牛、荆门、女观、望州等山上出产茶茗。"

《永嘉图经》："永嘉县东三百里有座白茶山。"

《淮阴图经》："山阳县南二十里有个茶坡。"

《茶陵图经》："之所以称为茶陵，是因为这里的山陵峡谷间出产茶茗。"

《本草·木部》："茗，苦荼。味甘苦，微寒，无毒。主瘘疮[1]，利小便，去痰渴热，令人少睡。秋采之苦，主下气消食。注云：'春采之。'"

《本草·菜部》："苦荼，一名荼，一名选，一名游冬[2]，生益州[3]川谷山陵道傍，凌冬不死。三月三日采，干。注云：'疑此即是今茶，一名荼，令人不眠。'《本草注》：'按《诗》云"谁谓荼苦[4]”,又云“堇荼如饴[5]”,皆苦菜也。陶谓之苦茶,木类,非菜流。茗,春采谓之苦搽途遐反。’”

《枕中方》[6]:“疗积年瘘,苦茶、蜈蚣[7]并炙,令香熟,等分,捣筛。煮甘草[8]汤洗,以末傅之。”

《孺子方》[9]:“疗小儿无故惊蹶,以苦茶、葱须煮服之。”

【注释】

〔1〕瘘疮:瘘,指颈肿,即淋巴腺结核。疮,为痈疽之类,皮肤上或黏膜上发生溃烂。

〔2〕游冬:一种苦菜,可入药。因其生于秋末,经冬春长成而得名。北齐颜之推《颜氏家训·书证》:“案:《易统通卦验玄图》曰:‘苦菜生于寒秋,更冬历春,得夏乃成。’今中原苦菜则如此也。一名游冬,叶似苦苣而细,摘断有白汁,花黄似菊。”

〔3〕益州:秦蜀郡,汉武帝时始置益州,东汉时又称蜀郡,两晋南北朝时或称成都国,或蜀郡与益州并治。隋废郡存州,隋炀帝时又改为蜀郡,唐武德元年(618)改为益州。今四川省成都市一带。

〔4〕谁谓荼苦:《诗经·邶风·谷风》:“谁谓荼苦,其甘如荠。”荠是带甜味的菜,荼是苦菜,两者对举而言。

〔5〕堇(jǐn)荼如饴(yí):语出《诗经·大雅·绵》:“周原膴膴,堇荼如饴。”堇,又名苦堇、堇葵,是一种味苦的植物,荼作为苦菜与堇并列。饴,麦芽糖。清邵晋涵《尔雅正义》:“《大雅》言周原之美,虽堇荼亦如甘如饴尔,非谓荼菜本作甘也。”

〔6〕《枕中方》:宋唐慎微《类证本草》卷六、卷一二有孙思邈《枕中记》逸文,从引用内容来看,可能与《茶经》所引《枕中方》为同一种书。宋《崇文总目》卷九《道书类》著录孙思邈《枕中记》一卷。宋张君房辑《云笈七签》卷三三收有《摄养枕中方》一卷,题太白山处士孙思邈撰。后者实际上是道教养生书,当是另外一种。

〔7〕蜈蚣:*Scolopendra*,多足纲,蜈蚣科。是一种有毒腺的掠食性的陆生节肢动物,通常体长,多对步足。可入药,性温,味辛,有毒,功效为祛风、定惊、止痛。

〔8〕甘草:*Glycyrriza Uralensis*,多年生草本植物,豆科。根状茎可入

药,性平,味甘,可治咽痛、痈疽肿毒等症。

〔9〕《孺子方》:撰者不详。《新唐书·艺文志》著录孙会《婴孺方》十卷,当属同类医书。

【译文】

《本草·木部》:"茗,就是苦茶。味道甜中带苦,略有寒性,但没有毒性。主治瘘疮,能利尿、化痰、消渴、散热,让人睡眠减少。秋天采摘的味苦,能通气,利消化。"注说:"春天采摘。"

《本草·菜部》:"苦茶,又称荼,又称选,还称为游冬,生长在益州一带的山陵峡谷及路边,经过冬天也不会死。要在三月三日采摘、焙干。"注说:"这可能就是现在所说的茶,又称为荼,饮用后让人不想睡觉。"《本草注》说:"按《诗经》里说'谁谓荼苦',又说'堇荼如饴',指的都是苦菜。陶弘景所说的苦茶,是木本植物,不是菜一类的草本。在春天采摘的茗,被称为苦𣘻音途遐反。"

《枕中方》:"治疗多年未愈的瘘疮,用苦茶和蜈蚣一起烤炙,直到烤熟并发出香味,再平均分作两份,捣碎后过筛成末。另煮甘草汤清洗患处后,再把末敷上。"

《孺子方》:"治疗小儿无缘无故地惊厥,用苦茶、葱须煎煮后服用。"

八之出

山南[1]：以峡州[2]上，峡州生远安、宜都、夷陵三县山谷。襄州[3]、荆州[4]次，襄州生南漳县[5]山谷。荆州生江陵县[6]山谷。衡州[7]下，生衡山、茶陵二县[8]山谷。金州[9]、梁州[10]又下。金州生西城、安康二县[11]山谷。梁州生褒城、金牛二县[12]山谷。

【注释】

〔1〕山南：唐贞观元年(627)划分的“十道”之一。后又分为东、西两道。辖境当今四川东部、陕西东南部、河南南部及重庆、湖北大部分地区。十道，为关内道、河南道、河东道、河北道、山南道、陇右道、淮南道、江南道、剑南道、岭南道。开元二十一年(733)，在十道的基础上，划分为十五道，即将山南、江南各分为东西二道，又增置京畿、都畿、黔中三道。《茶经》根据当时的实际茶叶产地划分为八大产区，并没有严格按照当时的行政区域来叙述。

〔2〕峡州：又称硖州，唐武德四年(621)置，天宝元年(742)改夷陵郡，乾元元年(758)复为硖州。领夷陵、宜都、长阳、远安、巴山等县，治夷陵。辖境在今湖北宜昌一带。唐时硖州产茶，唐李肇《国史补》卷下称“峡州有碧涧、明月、芳芷、茱萸簝”等名目。

〔3〕襄州：隋襄阳郡。唐武德四年(621)改襄州。领襄阳、邓城、谷城、义清、南漳、宜城、乐乡等县，治襄阳。辖境在今湖北襄樊、宜城、南漳、谷城一带。

〔4〕荆州：唐武德四年(621)改隋南郡为荆州，领江陵、长宁、当阳、长林、石首、松滋、公安等县，治江陵。辖境在今湖北省荆州、荆门、枝江、石首一带。

〔5〕南漳县：底本作“南郑县”，《旧唐书·地理志》载唐时襄州有南漳县，而南郑县属梁州，据改。今湖北省南漳县。

〔6〕江陵县：唐时荆州治所，今湖北省荆州市。

〔7〕衡州：隋衡山郡。唐武德四年(621)置。领衡阳、常宁、攸、茶陵、耒阳、衡山等县。属江南西道。辖境在今湖南衡阳及茶陵、耒阳、湘潭一带。由于衡州在唐前期由江陵都督府统管，江陵又属于山南道，因而《茶经》将衡州列在山南道。

〔8〕衡山、茶陵二县：衡山，旧属潭州，后割属衡州，在今湖南省湘潭市以西。唐李肇《国史补》卷下胪列唐代名茶品目称："湖南有衡山，岳州有灉湖之含膏。"宋吴淑《事类赋注》卷一七引五代毛文锡《茶谱》："衡州之衡山，封州之西乡，茶研膏为之，皆片团如月。"茶陵，唐属衡州，今湖南省茶陵县。

〔9〕金州：隋西城郡。唐武德元年(618)置，后屡有因革。领西城、洵阳、淯阳、石泉、汉阴、平利等县。辖境在今陕西安康、镇坪、石泉、旬阳一带。唐杜佑《通典·食货六》载金州土贡有"茶芽一斤"。

〔10〕梁州：武德元年(618)置梁州总管府，管梁、洋、集、兴四州。梁州领南郑、褒城、西、城固等县，治南郑。辖境在今陕西汉中、勉县、城固一带。

〔11〕西城、安康二县：俱属金州，西城在今陕西安康，安康在今陕西汉阳以西。

〔12〕褒城、金牛二县：褒城在今陕西汉中以北，金牛在今陕西勉县以西。褒，底本作"襄"，《旧唐书·地理志》梁州有褒城县，据改。

【译文】

山南道：以峡州所产茶为上品，峡州茶产于远安、宜都、夷陵三县的山谷中。襄州和荆州所产的居其次，襄州茶产于南漳县山谷中。荆州茶产于江陵县山谷中。衡州所产的下一等，产于衡山、茶陵二县的山谷中。金州、梁州所产的又下一等，金州茶产于西城、安康二县的山谷中。梁州茶产于褒城、金牛二县的山谷中。

淮南〔1〕：以光州〔2〕上，生光山县〔3〕黄头港者，与峡州同。义阳郡〔4〕、舒州〔5〕次，生义阳县钟山〔6〕者，与襄州同。舒州生太湖县潜山〔7〕者，与荆州同。寿州〔8〕下，盛唐县生霍山〔9〕者，与衡州同也。蕲州〔10〕、黄州〔11〕又下。蕲州生黄梅县〔12〕山谷，黄州生麻城县〔13〕山谷，并与荆州、梁州同也。

【注释】

〔1〕淮南：唐贞观“十道”之一。辖境大约在今淮河以南、长江以北，东至大海，西至安州（今湖北安陆），治所在扬州。

〔2〕光州：唐武德三年(620)改隋弋阳郡为光州，并置总管府，管先、弦、义、谷、庐五州。光州领定城、光山、仙居、殷城、固始等县，治定城。辖境在今河南信阳、光山、固始、新县、商城一带。

〔3〕光山县：光州治所原在光山县，后迁至定城（今河南潢川）。今河南光山。

〔4〕义阳郡：隋义阳郡。唐武德四年(621)置申州。领义阳、钟山、罗山等县。辖境在今河南信阳及罗山一带。《新唐书·地理志》载其土贡有茶。

〔5〕舒州：唐武德四年(621)改隋同安郡置。领怀宁、宿松、太湖、望江、同安等县，治怀宁。辖境在今安徽安庆、桐城、岳西、太湖、宿松、怀宁一带。

〔6〕义阳县钟山：义阳县，唐时属申州，宋代以后改为信阳县。今河南省信阳市。钟山，《太平寰宇记》卷一三二：钟山在废钟山县西，信阳县界；《嘉庆一统志》卷二一五：在信阳州东南十八里。

〔7〕太湖县潜山：太湖县，唐属舒州，今安徽省太湖县。潜山，《太平寰宇记》卷一二五：皖山，又名潜山，在怀宁县（今安徽潜山）西北二十里。

〔8〕寿州：隋淮南郡。唐武德三年(620)改寿州。领寿春、安丰、霍山、盛唐、霍丘等县，治寿春。辖境在今安徽淮南以南、霍山以北一带。

〔9〕盛唐县：旧霍山县，唐开元二十七年(739)改为盛唐县，今安徽省六安市。《太平寰宇记》卷一二九：“霍山，其一名曰衡山，一名曰天柱山，在县南五里。《尔雅》：霍山为南岳。注云：即天柱也。汉武帝以衡南辽远纤晦，封霍山为南岳，故祭其神于此。”

〔10〕蕲州：隋蕲春郡。唐武德四年(621)改蕲州。领蕲春、黄梅、广济、蕲水等县，治蕲春。辖境在今湖北黄梅、蕲春、浠水、英山一带。《新唐书·地理志》记载蕲州土贡有茶。

〔11〕黄州：隋永安郡。唐武德三年(620)改黄州，置总管府，管黄、蕲、亭、南司四州。黄州领黄冈、麻城、黄陂等县，治黄冈。辖境在今湖北黄冈及红安、麻城一带。

〔12〕黄梅县：《旧唐书·地理志》谓黄梅县在南朝宋时为新蔡郡，隋改为黄梅。唐武德四年(621)置南晋州，领黄梅、义丰、长吉、塘阳、新蔡五县。

武德八年(625),州废,仍省义丰等四县,以黄梅属蕲州。在今湖北黄梅以西。

〔13〕麻城县:隋麻城县。唐武德三年(620),于麻城县置亭州。领麻城、阳城二县,武德八年(625),州废,省阳城入麻城,改属黄州。在今湖北麻城南。

【译文】

淮南道:以光州所产茶为上品,产于光山县黄头港的茶,和峡州的一样好。义阳郡和舒州所产的居其次,产于义阳县钟山的茶和襄州茶一样。舒州茶产于太湖县、潜山县的和荆州茶一样。寿州所产的下一等,产于盛唐县霍山的茶和衡山茶一样。蕲州和黄州所产的又下一等。蕲州茶产于黄梅县山谷中,黄州茶产于麻城县的山谷中,两者和荆州、梁州的茶一样。

浙西:以湖州[1]上,湖州生长城县顾渚山谷[2],与峡州、光州同;生山桑、儒师二坞[3]、白茅山悬脚岭[4],与襄州、荆南、义阳郡同;生凤亭山伏翼阁飞云、曲水二寺[5]、啄木岭[6],与寿州、常州同。生安吉、武康二县[7]山谷,与金州、梁州同。常州[8]次,常州义兴县[9]生君山悬脚岭[10]北峰下,与荆州、义阳郡同;生圈岭善权寺[11]、石亭山[12],与舒州同。宣州[13]、杭州[14]、睦州[15]、歙州[16]下,宣州生宣城县雅山[17],与蕲州同;太平县生上睦、临睦[18],与黄州同。杭州临安、于潜二县[19]生天目山[20],与舒州同;钱塘生天竺、灵隐二寺[21]。睦州生桐庐县[22]山谷。歙州生婺源[23]山谷。与衡州同。润州[24]、苏州[25]又下。润州江宁县[26]生傲山,苏州长洲县[27]生洞庭山[28],与金州、蕲州、梁州同。

【注释】

〔1〕湖州:隋吴郡之乌程县。唐武德四年(621)置湖州。领乌程、武康、长城、安吉、德清等县,治乌程。属江南东道。辖境在今浙江湖州、长兴、安吉一带。《新唐书·地理志》载湖州土贡有“紫笋茶”。

〔2〕长城县顾渚山谷:长城县,本汉乌程县地,西晋太康三年(282)分其地置长城县,因春秋时吴王阖闾之弟夫概居于此,所筑城池既狭且长而得名。今浙江省长兴县。顾渚山,又名顾山,《嘉庆一统志》卷二八九:“顾渚山:在长兴县西北四十七里。”自唐代以来,一直是著名的茶叶产区。唐李肇《国史补》卷下记载唐时名茶品目称:“湖州有顾渚山之紫笋。”顾渚山还是唐

代贡茶产地。《元和郡县志》卷二五："顾山，在县西北十二里，贞元以后，每岁以进奉顾山紫笋茶，役工三万人，累月方毕。"《新唐书·地理志》："顾山有茶，以供贡。"山谷，底本作"上中"，据《学津讨原》本改。

〔3〕山桑、儒师二坞：地名，在顾渚山附近。唐皮日休《茶中杂咏·茶籝》："筤筹晓携去，蓦个山桑坞。开时送紫茗，负处沾清露。歇把傍云泉，归将挂烟树。满此是生涯，黄金何足数。"儒师，或作"獳师"。《茶中杂咏·茶人》："生于顾渚山，老在漫石坞。语气为茶荈，衣香是烟雾。庭从懒子遮，果任獳师虏。日晚相笑归，腰间佩轻篓。"坞，底本为墨钉，据《太平寰宇记》卷九四补。

〔4〕白茅山悬脚岭：《太平寰宇记》卷九四作"白茅山悬脚山岭"。

〔5〕凤亭山伏翼阁飞云、曲水二寺：《嘉庆一统志》卷二八九："凤亭山，在长兴县西北四十里。陆羽曰茶生凤亭山伏翼阁者，味与寿州同，即此。《明一统志》卷四〇：伏翼涧在长兴县西三十九里，涧中多产伏翼。"伏翼阁当在此处。飞云寺、曲水寺，《太平寰宇记》卷九四："飞云山在县西二十里，高三百五十尺。南朝宋元徽五年(477年)置飞云寺。"曲水寺，具体不详，唐刘商有《曲水寺枳实》诗："枳实绕僧房，攀枝置药囊。洞庭山上橘，霜落也应黄。"记述的可能是同一处。

〔6〕啄木岭：(嘉泰)《吴兴志》卷四："啄木岭，在县北五十里，高二千四百尺。《山墟名》云：其山万木，丛薄多鸟，故名'啄木'。"宋吴淑《事类赋注》卷一七引五代毛文锡《茶谱》："湖州长兴县啄木岭金沙泉，即每岁造茶之所也。"

〔7〕安吉、武康二县：安吉，唐属湖州，在今浙江安吉南。武康，唐属湖州，在今浙江德清附近。

〔8〕常州：隋毗陵郡。唐武德三年(620)置。领晋陵、武进、江阴、义兴、无锡等县，治晋陵。属江南东道。辖境在今江苏无锡、常州、江阴、宜兴一带。《新唐书·地理志》载常州土贡有"紫笋茶"。

〔9〕义兴县：汉阳羡县，隋义兴县，宋代以后改称宜兴。今江苏省宜兴市。唐李肇《国史补》卷下："常州有义兴之紫笋。"

〔10〕君山悬脚岭：君山，《太平寰宇记》卷九二宜兴县："君山，在县南二十里，旧名荆南山，在荆溪之南。"君山是阳羡茶的主要产区之一，《嘉庆一统志》卷八六："荆南山，在荆溪县南，县主山也。高而大，岩洞绝胜。上有龙

池,岁旱祷雨辄应。其北为南岳山。孙皓既封国山,遂以此山为南岳。其地为古阳羡产茶处。”悬脚岭,(嘉泰)《吴兴志》卷四:“悬脚岭,在长兴县西北七十里,高三百一十尺。《山墟名》云:以岭脚下悬为名,多产箭竹、茶茗。”

〔11〕善权寺:(乾隆)《江南通志》卷四五《舆地志》称善权寺在宜兴县南五十里,始建于南朝齐建元二年(480)。

〔12〕石亭山:明王世贞《弇州山人四部续稿》卷六〇《石亭山居记》称石亭山在阳羡城南五里。

〔13〕宣州:隋宣城郡。唐武德三年(620)置。领宣城、当涂、泾、广德、溧阳、溧水、南陵、太平、宁国、旌德等县,治宣城。属江南西道。辖境在今长江以南的安徽宣城、芜湖、太平、旌德一带及与之交界的江苏溧水、溧阳等县。

〔14〕杭州:隋馀杭郡。唐武德四年(621)置。领钱塘、盐官、馀杭、富阳、于潜、临安、新城、紫溪、唐山等县,治钱塘。属江南东道。辖境在今浙江杭州、富阳、临安一带。

〔15〕睦州:隋遂安郡。唐武德四年(621)置。领建德、清溪、寿昌、桐庐、分水、遂安等县,治建德。属江南东道。辖境在今浙江桐庐、建德、淳安一带。《新唐书·地理志》载睦州土贡有“细茶”。唐李肇《国史补》卷下载唐时名茶品目,称“睦州有鸠坑”。

〔16〕歙州:隋新安郡。唐武德四年(621)置。歙州总管府,管歙、睦、衢三州。歙州领歙、休宁、黟、绩溪、婺源等县,治歙县。属江南东道。辖境在今安徽绩溪、黄山、休宁、婺源一带。

〔17〕宣城县雅山:宣城县,唐属歙州,今安徽省宣城市。雅山,或作鵶山、丫山,《太平寰宇记》卷一〇三:宁国县“鵶山出茶,尤为时贡,《茶经》云味与蕲州同”。《嘉庆一统志》卷一一五:鵶山“在宁国县西北三十里”。

〔18〕太平县生上睦、临睦:太平县,唐属宣州,今安徽省黄山市黄山区附近。上睦、临睦,唐太平县地名,具体不详。

〔19〕临安、于潜二县:临安,唐属杭州,垂拱四年(688)置。在今浙江省临安市以北。于潜,唐属杭州,在今浙江省临安市东。

〔20〕天目山:在今浙江临安以北。《元和郡县志》卷二六:“天目山,在县理北六十里,有两峰,峰顶各一池,左右相对,名曰天目。”

〔21〕钱塘生天竺、灵隐二寺:钱塘,唐属杭州,今浙江杭州。天竺寺,

《嘉庆一统志》卷二八四:“天竺寺有三,一在钱塘县飞来峰南,曰下天竺寺。一在稽留峰北,曰中天竺寺,隋建。一在北高峰麓,曰上天竺寺,吴越建。”陆羽曾撰有《天竺灵隐二寺记》,已佚。灵隐寺,今在杭州西湖西灵隐山,又名云林寺,《嘉庆一统志》谓晋咸和间(326—334)建。

〔22〕桐庐县:唐初曾为严州州治,后废严州,以桐庐属睦州。今浙江省桐庐县。

〔23〕婺源:唐开元二十八年(740)置。属歙州。在今江西婺源以北。

〔24〕润州:唐武德三年(620)置。领丹徒、丹阳、延陵、上元、句容、金坛等县,治丹徒。属江南东道。唐永泰(765—766)以后为浙西观察使治所,管润州、常州、苏州、杭州、湖州、睦州等六州。润州辖境在今江苏镇江及句容、丹阳、金坛一带。

〔25〕苏州:隋吴郡。唐武德四年(621)置。领吴、嘉兴、昆山、常熟、长洲、海盐等县,治吴县。辖境在今江苏苏州、常熟、昆山、浙江嘉兴、海盐及上海奉贤区、嘉定区一带。

〔26〕江宁县:原上元县,唐贞观九年(635)改江宁县。乾元元年(758)曾在江宁县置昇州,并割润州的句容、江宁与宣州的当涂、溧水四县置浙西节度使。上元二年(761),又改回上元县,复属润州。今在江苏南京江宁区附近。傲山,不详。

〔27〕长洲县:唐万岁通天元年(696)分吴县置,治所在今苏州市。

〔28〕洞庭山:洞庭山有东西两座。东洞庭山又名胥母山、莫釐山,今在太湖中。《嘉庆一统志》卷七七引《姑苏志》云:“周回八十里,视西洞庭差小而冈峦起伏。庐聚物产,大略相同。”西洞庭山,又名包山、苞山,今在太湖中,为一小岛。

【译文】

浙西地区:以湖州所产茶为上品,湖州茶产于长城县顾渚山谷中的,和峡州、光州的一样好;产于山桑、儒师二坞与白茅山悬脚岭的茶,和襄州、荆南、义阳郡的一样好;产于凤亭山伏翼阁飞云、曲水二寺及啄木岭的茶,和寿州、衡州的一样好。产于安吉、武康二县山谷中的茶,和金州、梁州的一样好。常州所产的居其次,常州茶产于义兴县君山悬脚岭北峰下的,和荆州、义阳郡的一样;产于圈岭善权寺及石亭山的,和舒州的一样。宣州、杭州、睦州、歙州所产下一等,宣州茶产于宣城县雅山的,和蕲州的一样;产于太平县上睦、临睦的,和黄州的一样。杭州茶产于临安、于潜二县天目山的，和舒州的一样；钱塘茶产于天竺、灵隐二寺。睦州茶产于桐庐县山谷中。歙州茶产于婺源山谷中。这几种都和衡州的一样。润州、苏州所产的又下一等。润州茶产于江宁县傲山的，苏州茶产于长洲县洞庭山的，都和金州、蕲州、梁州的一样。

剑南[1]：以彭州[2]上，生九陇县马鞍山至德寺、棚口[3]，与襄州同。绵州[4]、蜀州[5]次，绵州龙安县[6]生松岭关[7]，与荆州同；其西昌[8]、昌明[9]、神泉[10]县西山者并佳；有过松岭者，不堪采。蜀州青城县[11]生丈人山[12]，与绵州同。青城县有散茶、木茶[13]。邛州[14]次，雅州[15]、泸州[16]下，雅州百丈山、名山[17]，泸州泸川[18]者，与金州同也。眉州[19]、汉州[20]又下。眉州丹棱县[21]生铁山[22]者，汉州绵竹县[23]生竹山[24]者，与润州同。

【注释】

〔1〕剑南：唐贞观十道之一，辖境在今四川省大部及云南省北部一带。

〔2〕彭州：唐垂拱二年(686)置。领九陇、濛阳、导江等县，治九陇。辖境在今四川彭州、都江堰一带。

〔3〕九陇县马鞍山至德寺、棚口：九陇县，在今四川省彭州市附近。宋祝穆《方舆胜览》卷五四载彭州有至德山，寺在山中，可能就是马鞍山。《嘉庆一统志》卷三八四："至德山，在彭县西。""一名茶陇山。"棚口，又作堋口，在唐宋时期一直以产茶闻名。《太平寰宇记》卷七三引五代毛文锡《茶谱》："彭州有蒲村、堋口、灌口，其园名仙崖、石花等，其茶饼小而布嫩芽如六出花者尤妙。"

〔4〕绵州：隋金山郡。唐武德元年(618)改为绵州。领巴西、涪城、昌明、魏城、罗江、神泉、盐泉、龙安、西昌等县，治巴西。辖境在今四川绵阳、江油、安县一带。

〔5〕蜀州：唐垂拱二年(686)分益州四县置。领晋原、青城、唐安、新津等县，治晋原。辖境在今四川崇庆、新津及青城山一带。《太平寰宇记》卷七五引五代毛文锡《茶谱》记载蜀州有雀舌、鸟嘴、麦颗、片甲、蝉翼等茶，是当时散茶中的上品。

〔6〕龙安县：隋金山县。唐武德三年(620)改为龙安，属绵州，在今四川安县北。宋吴淑《事类赋注》卷一七引五代毛文锡《茶谱》："龙安有骑火茶，最上，言不在火前，不在火后作也。清明改火，故曰火。"

〔7〕松岭关：唐杜佑《通典》卷一六七《州郡六》："松岭关在龙安县西北七十里。"

〔8〕西昌：隋金山县，隋末废。唐永淳元年(682)复置，改名西昌，属绵州。《嘉庆一统志》引"旧志"云："今名花街镇。"故址在今四川安县东南。

〔9〕昌明：《旧唐书·地理志》："昌明：汉涪县地，晋置汉昌县，后魏为昌隆。"唐先天元年(712)，因避玄宗李隆基讳改名昌明。开元二十七年(739)废除。《嘉庆一统志》卷四〇〇："昌明废县，在盐源县西南。"故址在今江油市以南。唐时昌明所产茶已较著名。唐李肇《国史补》卷下记载东川有神泉"小团"、昌明"兽目"等品种。唐白居易《春尽日》："醉对数丛红芍药，渴尝一盏绿昌明。"唐杨华《膳夫经手录》："东川昌明茶，与新安含膏争其上下。"

〔10〕神泉：汉时为涪县地，晋置西充国县，隋时因县西有泉能治疗疾病而改名神泉县，唐因之，属绵州。神泉故城在今四川安县南，其地所产"小团"茶，唐时已是名品。

〔11〕青城县：北周时称清城县，因城西北有青城山而得名，唐开元十八年(730)改为青城县，属蜀州。故城在今四川省都江堰市以西。

〔12〕丈人山：《嘉庆一统志》卷三八四引"旧志"云："青城山又名丈人山。"青城山在今都江堰市西南，是道教名山。

〔13〕散茶：唐宋时将蒸青的紧压茶称为"饼茶"或"团茶"，而将其他用蒸青法制作的茶称为散茶。木茶："木"或当作"末"。

〔14〕邛州：唐武德元年(618)割雅州五县置邛州，治依政县。显庆二年(657)移州治于临邛。领临邛、依政、安仁、大邑、蒲江、临溪、火井等县。辖境在今四川大邑、邛崃、蒲江一带。宋吴淑《事类赋注》卷一七引五代毛文锡《茶谱》："邛州之临邛、临溪、思安、火井，有早春、火前、火后、嫩绿等上中下茶。"

〔15〕雅州：隋临邛郡。唐武德元年(618)改为雅州，因境内有雅安山而得名。领严道、卢山、名山、百丈、荥经等县，治严道。辖境在今四川雅安、名山、天全、芦山一带。唐时雅州为茶的著名产区，《元和郡县志》卷三三记载雅州严道县有蒙山，"在县南一十里，今每岁贡茶，为蜀之最"。《新唐书·地理志》载雅州土贡有茶，《太平寰宇记》卷七七称蒙山山顶受全阳气，其茶芳香。蒙顶茶，至今还是四川名茶之一。

〔16〕泸州：隋泸川郡。唐武德四年(621)改为泸州。领泸川、富义、江

安、合江、绵水、泾南等县,治泸川。辖境在今四川富顺、隆昌、泸州、江安、合江及贵州赤水、习水一带。

〔17〕百丈山、名山:百丈山,《旧唐书·地理志》载百丈县有百丈山。《嘉庆一统志》卷四〇二:"百丈山,在名山县东北。"名山,《元和郡县志》卷三二称,名山在名山县西北一十里。《太平寰宇记》卷七七引五代毛文锡《茶谱》称雅州百丈、名山二者所产的茶尤佳。

〔18〕泸川:唐属泸州,今四川省泸州市纳溪区。

〔19〕眉州:唐武德二年(619)分嘉州五县置。领通义、彭山、丹稜、洪雅、青神等县,治通义。辖境在今四川眉山、彭山、丹棱、洪雅一带。

〔20〕汉州:唐垂拱二年(686)分益州五县置,领雒、德阳、什邡、绵竹、金堂等县,治雒县。辖境在今四川德阳、什邡、绵竹、金堂一带。

〔21〕丹稜县:唐属眉州,今四川省丹棱县。稜,底本作"校",据《旧唐书·地理志》改。

〔22〕铁山:《嘉庆一统志》卷四一〇有"铁桶山",未知是否所指。

〔23〕绵竹县:唐武德年间(618—627)属益州,垂拱二年(686)改属汉州。今四川省绵竹市。

〔24〕竹山:《嘉庆一统志》卷四一四载绵竹县西北有紫岩山,又名绵竹山,当是所指。

【译文】

剑南道:以彭州所产茶为上品,产于九陇县马鞍山至德寺及棚口的茶,和襄州的一样好。绵州、舒州所产的居其次,绵州茶产于龙安县松岭关的,和荆州的一样;产于西昌县、昌明县及神泉县西山的茶都比较好,但过了松岭的,就不值得采摘了。蜀州茶产于青城县丈人山的,和绵州的一样。青城县还产散茶、木茶。邛州所产的又居其次,雅州、泸州所产的下一等,产于雅州百丈山、名山及泸州泸川的茶,和金州的一样。眉州、汉州所产的又下一等。眉州茶产于丹稜县铁山的,汉州茶产于绵竹县竹山的,和润州的一样。

浙东:以越州[1]上,馀姚县[2]生瀑布泉岭,曰仙茗,大者殊异,小者与襄州同。明州[3]、婺州[4]次,明州贸县[5]生榆荚村,婺州东阳县东白山[6],与荆州同。台州[7]下。始丰县生赤城山者[8],与歙州同。

【注释】

〔1〕越州：隋会稽郡。唐武德四年(621)置。领会稽、山阴、诸暨、馀姚、剡、萧山、上虞等县。属江南东道。辖境在今浙江省绍兴市及萧山、诸暨、新昌、馀姚一带。

〔2〕馀姚县：唐武德四年(621)属姚州，为姚州治。武德七年(624)州废，改属越州。今浙江省馀姚市。

〔3〕明州：唐开元十六年(728)于越州鄮县置明州，因近四明山而得名。领鄮、奉化等县，治鄮县。属江南东道。辖境在今浙江省宁波、奉化一带。

〔4〕婺州：隋东阳郡。唐武德四年(621)置。领金华、义乌、永康、东阳、兰溪、武成、浦阳等县，治金华。属江南东道。辖境在今浙江省金华、兰溪、东阳、义乌、永康、浦江一带。唐杨华《膳夫经手录》记载，婺州方茶"制置精好，不杂木叶"。

〔5〕贸县：唐属明州，为明州州治，五代梁开平二年(908)改称鄞县。在今浙江省宁波市南。

〔6〕东阳县东白山：东阳县，唐垂拱二年(686)析义乌县置，属婺州。今浙江省东阳市。东白山，底本作"东自山"，《嘉庆一统志》卷二九九："东白山，在东阳县东北八十里……亦名太白山。"唐李肇《国史补》卷下载唐时名茶称："婺州有东白。"据改。

〔7〕台(tāi)州：隋属永嘉郡。唐武德四年(621)置海州，五年(622)改称台州。领临海、唐兴、黄岩、乐安、宁海、象山等县，治临海。属江南东道。辖境在今浙江省天台山、括苍山以东、象山港以南、黄岩山以北一带。

〔8〕始丰县：三国吴时置南始平县，晋武帝时改为始丰，《旧唐书·地理志》称唐高宗上元二年(675)改为唐兴县。治所在今浙江省天台县附近。赤城：指赤城山，在天台县北，因山上土色发红而得名。晋孙绰《游天台山赋》："赤城霞起而建标。"《元和郡县志》卷二六："赤城山，在县北六里，实为东南之名山。"此句底本作"始山丰县生赤城者"，据《元和郡县志》及《旧唐书·地理志》改。

【译文】

浙东地区：以越州所产茶为上品，产于馀姚县瀑布泉岭的茶被称为仙茗，大叶的比较特殊，小叶的和襄州的一样好。明州和婺州所产的居其次，明州茶产于贸县榆荚村，婺州茶产于东阳县东白山，两者都和荆州的一样。台州所产的下一等。台州茶产于始丰县赤城山的,和歙州的一样。

黔中[1]:生思州[2]、播州[3]、费州[4]、夷州[5]。

江南[6]:生鄂州[7]、袁州[8]、吉州[9]。

岭南[10]:生福州[11]、建州[12]、韶州[13]、象州[14]。福州生闽县方山之阴也[15]。

其思、播、费、夷、鄂、袁、吉、福、建、泉、韶、象十一州[16]未详,往往得之,其味极佳。

【注释】

〔1〕黔中:唐开元十五道之一。开元二十一年(733)析江南西道置,驻黔州。辖境在今重庆市西南部、湖北省西南部、湖南省西部、贵州省西北部一带。

〔2〕思州:原为隋巴东郡之务川县,唐武德四年(621)置务州,贞观四年(630)改务州为思州。领务川、思王、宁夷、思邛等县,治务川。辖境在今贵州省北部大娄山以东的务川、秀山、印江、沿河一带。思,底本作"恩"。下文同。唐开元时恩州属岭南道,思州属黔中道,"恩"当是"思"之讹,径改。

〔3〕播州:隋牂柯郡之牂柯县。唐贞观九年(635)置郎州,十一年(637)州废,十三年(639)又于其地置播州。领遵义、芙蓉、带水等县,治遵义。辖境在今贵州省遵义、桐梓一带。

〔4〕费州:唐贞观四年(630)分思州二县置,其后辖境增大,领涪川、多田、扶阳、城乐等县,治涪川。辖境在今贵州省思南、德江一带。

〔5〕夷州:唐武德四年(621)置,其后屡有废兴。领绥阳、都上、义泉、洋川、宁夷等县,治绥阳。辖境在今贵州省绥阳、湄潭、凤冈一带。

〔6〕江南:唐贞观十道之一,开元时又分为江南东道与江南西道。下文提及的鄂州、袁州、吉州开元时属于江南西道。

〔7〕鄂州:隋江夏郡。唐武德四年(621)改为鄂州。领江夏、永兴、武昌、蒲圻、唐年、汉阳、汉川等县,治江夏。属江南西道。辖境在今湖北省武昌、鄂州、黄石、咸宁、蒲圻一带。

〔8〕袁州:隋宜春郡。唐武德四年(621)置。领宜春、萍乡、新喻等县,治宜春。属江南西道。辖境在今江西省宜春、萍乡、新馀一带。宋吴淑《事

类赋注》卷一七引五代毛文锡《茶谱》载袁州有界桥茶，“其名甚著”。

〔9〕吉州：隋庐陵郡。唐武德五年(622)置。领庐陵、太和、安福、新淦、永新等县，治庐陵。属江南西道。辖境在今江西省赣江上游的吉安、新干、峡江、宁冈、遂川、泰和、永丰一带。

〔10〕岭南：唐贞观十道之一，治所在广州。辖境包括今广东省、广西壮族自治区、海南省等广大地区。下文所列举的福州和建州在唐代早期属于岭南道，天宝初年改属江南东道。

〔11〕福州：唐贞观初置，原称泉州、闽州，开元十三年(725)改福州。领闽、侯官、长乐、福唐、连江、长溪、古田、永泰、梅青等县，治闽县。辖境在今福建省福州、永泰、霞浦、屏南、古田、福清一带。《新唐书·地理志》载唐时福州土贡中有茶。

〔12〕建州：唐武德四年(621)置。领建安、邵武、浦城、建阳、沙、将乐等县，治建安。辖境在今福建省南平、浦城、邵武、将乐、沙县、建瓯一带。

〔13〕韶州：唐武德四年(621)置番州，贞观元年(627)改韶州。领曲江、始兴、乐昌、翁源、仁化等县，治曲江。属岭南道。辖境在今广东省北部的韶关、曲江、翁源、南雄一带。

〔14〕象州：唐武德四年(621)置。领武化、武德、阳寿、武仙等县，治武化。辖境在今广西壮族自治区象州、武宣一带。

〔15〕闽县方山之阴：底本作“闽方山之阴县”。明黄仲昭《八闽通志》卷四载福州府闽县有方山，“在清濂里”。又《太平御览》卷八六七引《唐史》：“福州有方山之生牙。”据改。

〔16〕泉、韶、象十一州：“泉”字或衍。

【译文】

黔中道：茶产于思州、播州、费州、夷州。

江南道：茶产于鄂州、袁州、吉州。

岭南道：茶产于福州、建州、韶州、象州。福州的茶产于闽县方山的北坡。

有关思州、播州、费州、夷州、鄂州、袁州、吉州、福州、建州、泉州、韶州、象州等十一个地区的产茶情况，不是很清楚，但常能得到产自这些地区的茶，味道都非常好。

九之略

其造具：若方春禁火[1]之时，于野寺山园丛手而掇[2]，乃蒸，乃舂，乃□[3]，以火干之，则又棨、扑、焙、贯、棚[4]、穿、育等七事皆废。

其煮器：若松间石上可坐，则具列废。用槁薪、鼎之属，则风炉、灰承、炭檛、火筴、交床等废。若瞰泉临涧，则水方、涤方、漉水囊废。若五人已下，茶可末而精者，则罗废。若援藟跻岩[5]，引絙入洞[6]，于山口炙而末之，或纸包、合贮，则碾、拂末等废。既，瓢、碗、筴、札、熟盂、鹾簋悉以一筥盛之，则都篮废。但城邑之中，王公之门，二十四器阙一，则茶废矣。

【注释】

〔1〕禁火：农历清明节前一或两日为寒食节，禁火食寒，又称禁火日。《初学记》卷四引南朝宋宗懔《荆楚岁时记》："去冬节一百五日，即有疾风甚雨，谓之寒食，禁火三日。"

〔2〕丛手而掇：众人一起采摘茶叶。

〔3〕乃□：底本为墨钉，所缺之字张校《说郛》本作"复"，《学津讨原》本、《四库》本作"炀"。

〔4〕棚：底本作"相"，据《学津讨原》本、张校《说郛》本改。

〔5〕援藟(lěi)跻(jī)岩：此句意为攀援着藤蔓登上山岩。藟，藤蔓。跻，登、升。

〔6〕引絙(gēng)入洞：引，拉。絙，同"緪"，大绳索。

【译文】

制造饼茶的工具：如果正值初春寒食节的时候，在荒野寺庙或山间茶园里，众手采摘茶叶后，随即蒸熟、捣烂……再用火烤干，那么棨、扑、焙、贯、棚、穿、育等七种工具可以省掉了。

煮茶的器具：如果松林间的石头上可以放置茶器，那么“具列”就可以省掉了。如果使用干枯的柴火和“鼎鑑”之类的器具，那么“风炉”、“灰承”、“炭檛”、“火筴”、“交床”等可以省掉了。如果靠近泉水或溪涧，那么“水方”、“涤方”、“漉水囊”可以省掉了。如果是五个人以下饮用，茶能够研磨得比较精细的，那么“罗”就可以省掉了。如果攀援藤蔓而登上山岩，拉着粗绳进入山洞，要在山口烤炙茶饼且研磨成末，或者茶末已经贮藏在纸包或盒子中，那么“碾”、“拂末”等可以省掉了。省掉这些用具后，只要把瓢、碗、竹筴、札、熟盂、鹾簋等全部放在一个竹筐内，那么“都篮”可以省掉了。但是在城市里，或者王公贵族的家中，二十四种茶器中缺少任何一种，饮茶的雅致就没有了。

十之图[1]

以绢素或四幅、或六幅分布写之，陈诸座隅，则茶之源、之具、之造、之器、之煮、之饮、之事、之出、之略，目击而存，于是《茶经》之始终备焉。

【注释】

〔1〕十之图：《四库全书总目》称“其曰图者，乃谓统上九类写绢素张之，非别有图，其类十，其文实九”，说明《十之图》原本就有文无图，并非后来亡佚。

【译文】

把《茶经》的内容分别写在四幅或六幅白色绢上，张挂在座位旁边，那么《茶经》中茶之源、之具、之造、之器、之煮、之饮、之事、之出、之略九部分内容就能随时看见并记在心里，如此就会把《茶经》的内容从头到尾都掌握了。

茶　录

［宋］蔡襄　撰

序

朝奉郎右正言同修起居注[1]臣蔡襄上进：臣前因奏事，伏蒙陛下谕臣先任福建转运使[2]日，所进上品龙茶[3]最为精好。臣退念草木之微，首辱陛下知鉴，若处之得地，则能尽其材。昔陆羽《茶经》，不第建安[4]之品；丁谓《茶图》[5]，独论采造之本[6]，至于烹试，曾未有闻。臣辄条数事，简而易明，勒成二篇，名曰《茶录》。伏惟清闲之宴，或赐观采，臣不胜惶惧荣幸之至。谨序。

【注释】

〔1〕朝奉郎右正言同修起居注：朝奉郎，宋文散官名，正六品。右正言，掌谏议的官职名。同修起居注，宋朝史官名，以昭文馆、史馆、集贤院、秘阁的集贤校理、史馆修撰等官充任起居院之职，撰写皇帝起居注，称"同修起居注"。

〔2〕福建转运使：转运使为唐开元时始置，原掌管江淮米粮钱帛的转运，以供京师及军民的需用，宋代转运使又称漕司，实际掌管的事不仅限于转运米粮钱帛等经济事务，也兼有行政、民政、监察等职权，已演变成一种高级地方行政长官。宋至道三年(997)分天下为二十五路，每路设转运使，福建为其一，辖福、建、泉、南剑、漳、汀六州及邵武、兴化二军，实际所辖区域与今福建省大致相同。

〔3〕上品龙茶：宋代贡茶的主体是花样繁多的龙凤团茶，规模最大也最著名的是在建安设立的北苑贡焙，据欧阳修《归田录》卷二记载，宋代龙凤团茶"凡饼重一斤，庆历中，蔡君谟为福建路转运使，始造小片龙茶以进，其品绝精，谓之小团，凡二十饼重一斤。其价直金二两"。宋王辟之《渑水燕谈录》卷八称这种二十饼重一斤的小团，即是所谓上品龙茶。

〔4〕建安：北宋时属建州，今福建省建瓯市一带。

〔5〕丁谓《茶图》：丁谓(962—1033)，字谓之，又字公言，苏州长洲(今江苏苏州)人，北宋淳化三年(992)进士。曾封晋国公，故称丁晋公。北宋咸平年间(998—1003)，丁谓官福建漕时，监督州吏制造凤团、龙团等贡茶。传见《宋史》卷二八三。丁谓所撰《茶图》三卷，已经亡佚，卢文弨校订陈振孙《直斋书录解题》杂艺类著录丁谓撰《北苑茶录》三卷，《崇文总目》及《宋史·艺文志》著录均同此。阮阅《诗话总龟》后集卷二九引《杨文公谈苑》及沈括《补笔谈》卷一、吴曾《能改斋漫录》卷九也称丁谓《北苑茶录》。晁公武《郡斋读书志》农家类著录为《建安茶录》三卷，且称此书："录建安园焙之数，图其器具，叙采制入贡法式。"以书名及《郡斋读书志》的记载来看，当是一书三名。

〔6〕独论采造之本：《郡斋读书志》称丁谓《茶图》"叙采制入贡法式"，即只记载了采茶、制茶及进贡的方式。

【译文】

朝奉郎右正言同修起居注臣蔡襄呈进：臣以前借着上奏的机会，承蒙陛下告诉臣：臣先前担任福建转运使的时候进贡的上品龙茶最精美。臣私下里感念，这些草木之类微小之物，实在太有辱陛下的知遇赏识之恩，如果处在适宜的地方，就能够最大地发挥其作用。从前陆羽的《茶经》，没有评价建安茶品；丁谓的《茶图》，也只谈到采摘、制作的基本情况，至于烹煮、点试的情况，从来没听说有过记载。臣专门条举了几个方面，既简单又明了，刻为两篇，名为《茶录》。伏惟陛下在清静闲雅的宴会时，有赐示群臣的可能，那么臣会惶恐荣幸到了极点。谨此作序。

上篇　论茶

色

茶色贵白。而饼茶[1]多以珍膏油去声。其面,故有青黄紫黑之异。善别茶者,正如相工之视人气色也,隐然察之于内。以肉理润者为上,既已末之,黄白者受水昏重,青白者受水鲜明,故建安人斗试[2],以青白胜黄白。

香

茶有真香。而入贡者微以龙脑[3]和膏,欲助其香。建安民间试茶皆不入香,恐夺其真。若烹点之际,又杂珍果香草,其夺益甚。正当不用。

味

茶味主于甘滑。惟北苑凤凰山[4]连属诸焙所产者味佳。隔溪诸山,虽及时加意制作,色味皆重,莫能及也。又有水泉不甘,能损茶味。前世之论水品者以此。

藏茶

茶宜箬叶[5]而畏香药,喜温燥而忌湿冷。故收藏之家,以箬叶封裹入焙中,两三日一次,用火常如人体温温,则御湿润。若火多,则茶焦不可食。

炙茶

茶或经年,则香、色、味皆陈。于净器中以沸汤渍之,刮去膏油一两重乃止,以钤箝之,微火炙干,然后碎碾。若当年新茶,则不用此说。

碾茶

碾茶先以净纸密裹捶碎,然后熟碾。其大要,旋碾则色白,或经宿则色已昏矣[6]。

罗茶

罗细则茶浮,粗则水浮。

候汤[7]

候汤最难。未熟则沫浮,过熟则茶沉。前世谓之蟹眼[8]者,过熟汤也。沉瓶中煮之不可辨,故曰候汤最难。

熁盏[9]

凡欲点茶,先须熁盏令热,冷则茶不浮。

点茶

茶少汤多,则云脚[10]散;汤少茶多,则粥面[11]聚。建人谓之云脚、粥面。钞茶一钱匕[12],先注汤调令极匀,又添注入,环回击拂。汤上盏可四分[13]则止,视其面色鲜白,著盏无水痕为绝佳。建安斗试,以水痕先者为负,耐久者为胜,故较胜负之说,曰相去一水两水。

【注释】

〔1〕饼茶:蔡襄所论饼茶是一种不发酵的蒸压茶。

〔2〕斗试:宋代流行的斗茶活动,又称"茗战",起源于建安北苑贡茶的评比,从《茶录》等书的记载来看,主要是从色、香、味及水痕多少与持续时间长短等几个标准来鉴别茶的优劣。后来成为一时风尚,并在上层社会流行。

宋范仲淹《和章岷从事斗茶歌》描写道："斗茶味兮轻醍醐，斗茶香兮薄兰芷。其间品第胡能欺，十目视而十手指。胜若登仙不可攀，输同降将无穷耻。"

〔3〕龙脑：俗称冰片，是龙脑树 *Dryobalarops aromatica* 树脂的白色结晶体，可入药，是一种名贵的中药材。

〔4〕北苑凤凰山：北苑，原是南唐后主李煜的江南禁苑，焙制进贡的北苑茶，宋朝将专门制作贡茶所在地福建建安凤凰山一带的官焙称为北苑。凤凰山，又名凤山，是宋代贡茶的主要产地。在今建瓯市东峰镇附近。

〔5〕箬叶：箬竹 *Indocalamus latifolius* 的叶，宽而大，可用来编制竹笠等器物，也有用来包粽子的。

〔6〕或经宿则色已昏矣：宋彭乘《墨客挥犀》卷八："公（指蔡襄）制小团，其品尤精于大团。一日，福唐蔡叶丞秘教召公啜小团。坐久，复有一客至，公啜而味之，曰：'非独小团，必有大团杂之。'丞惊呼童，曰：'本碾造二人茶，继有一客至，造不及，乃以大团兼之。'丞神服公之明审。"可见宋时一般在点茶之前临时碾茶，并且根据人数的多少决定碾磨的量。

〔7〕候汤：古人对饮茶用水十分讲究，煮水的火候不能不到，也不能过度。因此，煮水时要随时观察，这个过程即是候汤。

〔8〕蟹眼：点茶的水煮开以后刚开始沸腾，形成像螃蟹眼睛的细小水泡，宋人将其称为蟹眼。苏轼《试院煎茶》："蟹眼已过鱼眼生，飕飕欲作松风鸣。"蔡襄对点茶用水十分苛刻，才会以为出现蟹眼即是水老。宋徽宗《大观茶论》说："凡用汤，以鱼目蟹眼连绎迸跃为度。"

〔9〕熁(xiè)盏：为保持茶汤的温度而先将茶碗预热。

〔10〕云脚：指点茶后在茶汤表面靠近盏壁处出现的浮沫，如果茶汤较浓，则云脚多，反之则少。

〔11〕粥面：茶汤浓时在其表面结成的一层薄膜，因与粥表面的膜相似，故称。

〔12〕一钱匕：约合今 2 克多。

〔13〕四分：约合今 1.25 厘米。

【译文】

色

茶的颜色以白为贵。而饼茶大多用珍贵的油脂涂抹"油"字读去声。表面,所以有青、黄、紫、黑等颜色的差别。善于鉴别茶的人,就如同相士观察人的气色一样,能体察到其内部的细微之处。团饼茶以肌理润和为最好,如果已经研成茶末,颜色黄白的点试后茶汤浑浊,颜色青白的点试后茶汤清澈,所以建安人比试鉴别茶品高下,认为青白色的胜过黄白色的。

香

茶有天然的香味。而进贡的团茶往涂茶的油脂中掺入少量龙脑,以增加茶的香味。建安民间品尝茶都不另外添加香料,以防止失掉天然的茶香。如果在点茶的时候,又掺杂珍贵的果品和香草,茶叶的天然香味会失掉更多。应当不用这些。

味

茶味的根本在于甘甜滑润。只有北苑凤凰山一带的茶焙制作的茶味道最好。隔着溪流的几座山上产的茶,即便及时采摘、精心制作,但颜色和味道都比较重,比不上北苑凤凰山的。再加上水质不够甘甜,也有损于茶的味道。前代之所以评定水的等级,原因就在于此。

藏茶

茶,适宜用箬叶包裹存放,惧怕气味浓烈的香料;适宜温和干燥的环境,忌讳潮湿阴冷的环境。因而收藏茶叶的人家用箬叶封装包裹好茶,放入茶焙中烘烤,两三天重复一次,所用火焰的温度通常像人的体温一样平和,就能够防止受潮。如果火焰太旺盛,反而会烤焦茶而不能饮用了。

炙茶

有的茶放置一年以后,则香气、颜色、味道都会陈旧。可以放在干净的器皿中用沸水浸泡,刮掉团饼茶表面一两层油脂之后,再用茶钤夹着,放在微火上烤干,然后碾成碎末。如果是当年产的新茶,就不需要用这种方法。

碾茶

碾茶时,先用干净的纸把团饼茶包裹严实后捶捣成碎块,然后再细细地碾。其关键之处在于:烘烤之后马上碾的茶色就会发白,放置一夜后再碾的茶色就会变暗。

罗茶

筛得细则点茶时茶末浮在水面之上,筛得粗则茶末会沉到水面之下。

候汤

候汤是最难的。煮水的火候不到茶末就会上浮,火候过头茶末就会下沉。前人所说的"蟹眼",就是火候过头的沸水。如果用很深的器皿煮水,就很难判断火候，所以说候汤是最难的。

熁盏

凡是打算点注茶汤的，都要先给茶盏加热，使之温度升高，如果凉的话茶末就不会上浮。

点茶

茶末少而水多，云脚就会分散；水少而茶末多，粥面就会凝结。建安人称为云脚、粥面。抄取一钱匕的茶末，先注入少量开水把茶末调得十分均匀，再注入大量开水，反复来回搅拌。开水注入到离盏口大约四分就可以了，看到茶汤表面颜色鲜亮发白，盏壁上没有附着水的痕迹为最好。建安人斗茶，把先出现水痕的看做输者，把长时间不出现水痕的看做胜者，因而比较胜负的说法，称为相差"一水两水"。

下篇　论茶器

茶焙[1]

茶焙编竹为之，裹以箬叶。盖其上，以收火也；隔其中，以有容也。纳火其下，去茶尺许，常温温然，所以养茶色、香、味也。

茶笼

茶不入焙者，宜密封裹，以箬笼盛之，置高处，不近湿气。

砧椎[2]

砧椎盖以砧茶。砧以木为之，椎或金或铁，取于便用。

茶钤[3]

茶钤屈金铁为之，用以炙茶。

茶碾

茶碾以银或铁为之。黄金性柔，铜及鍮石[4]皆能生鉎[5]音星，不入用。

茶罗

茶罗以绝细为佳。罗底用蜀东川鹅溪画绢[6]之密者，投汤中揉洗以幂之。

茶盏[7]

茶色白，宜黑盏。建安所造者绀[8]黑，纹如兔毫，其杯微厚，熁之久热难冷，最为要用。出他处者，或薄或色紫，皆不及也。其青白盏，斗试家自不用。

茶匙

茶匙要重，击拂有力。黄金为上，人间以银、铁为之。竹者轻，建茶不取。

汤瓶

瓶要小者易候汤，又点茶注汤有准。黄金为上，人间以银、铁或瓷、石为之。

【注释】

〔1〕茶焙：烘烤团饼茶的器具，用来放置团饼茶，与陆羽《茶经》中的"焙炉"不同，与"育"略有几分相似，但又兼有烘焙的功能。

〔2〕砧(zhēn)椎(chuí)：砧，指捶碎团饼茶时垫在底下的木板。椎，捶团饼茶用的金属棍棒。

〔3〕茶钤(qián)：焙烤时夹住团饼茶的钳形工具。

〔4〕碖(yú)石：一种类似于玉的美石。

〔5〕生鉎(shēng)：生锈。清朱骏声《说文通训定声・鼎部》：鉎，"俗曰铁锈"。

〔6〕蜀东川鹅溪画绢：鹅溪所产绢在当时是名品，《嘉庆一统志》卷四〇六："鹅溪，在盐亭县西北八十里。《明统志》：'其地产绢。'宋文同诗：'待将一匹鹅溪绢，写取寒梢万丈长。'"

〔7〕茶盏：宋代流行的一种敞口小足的茶具，形状类似小碗，有黑、酱、青、白及青白等多种釉色。蔡襄从衬托茶汤颜色的角度看，认为福建建窑（窑址在今福建省建阳市）烧制的黑绀茶盏最佳。建窑，宋代名窑，也称为"乌泥窑"，尤以烧制的"兔毫盏"著称。

〔8〕绀(gān)：天青色，深青透红之色。

【译文】

茶焙

茶焙用竹条编成,再用箬叶包裹。茶焙上面加盖,是为了保持火的温度;茶焙中间有间隔,是为了能够容纳更多。火放在茶焙下面,与茶有大约一尺的距离,使其长时间地保持一定的温度,以保持茶的颜色、香气、味道。

茶笼

暂时不烘烤的饼茶,最好密封包裹,用箬笼装好,放在高处,使之远离湿气。

砧椎

砧和椎都是用来捣捶饼茶的。砧用木做成,椎用金或铁制成,取决于使用的方便。

茶钤

茶钤,将金或铁弯曲之后制成的,用来烤茶。

茶碾

茶碾,用银或铁制成。黄金的质地太软,铜和硧石都会生锈,不能使用。

茶罗

茶罗,极细的最好。罗底用蜀地东川鹅溪所产的细密画绢,浸到热水中揉洗之后罩在罗上。

茶盏

茶汤的颜色白,适合用黑色的茶盏。建安出产的黑里透红的茶盏,瓷纹像兔毫,这种茶盏杯壁稍厚,烤过之后能长久地保温而不易凉,点茶用最好。别处出产的,要么太薄,要么颜色发紫,都比不上建安产的。至于青白色的茶盏,斗茶品茶的人自然不会选用。

茶匙

茶匙要有重量,搅拌起来才能有劲。黄金的最好,民间用银或铁制作。竹制的分量太轻,建安一带饮茶是不用的。

汤瓶

腰细的汤瓶便于候汤,而且点茶时便于控制注入热水的量。黄金的最好,民间用银、铁或瓷、石等制作。

后 序

臣皇祐[1]中修起居注，奏事仁宗皇帝，屡承天问以建安贡茶并所以试茶之状。臣谓论茶虽禁中[2]语，无事于密，造《茶录》二篇上进。后知福州[3]，为掌书记[4]窃去藏稿，不复能记。知怀安县樊纪[5]购得之，遂以刊勒，行于好事者，然多舛谬。臣追念先帝顾遇之恩，揽本流涕，辄加正定，书之于石，以永其传。治平元年[6]五月二十六日，三司使给事中[7]臣蔡襄谨记。

【注释】

〔1〕皇祐：宋仁宗赵祯的年号(1049—1054)。

〔2〕禁中：秦汉时皇帝宫中称禁中，后代沿袭了这种称呼。

〔3〕知福州：指至和三年(1056)知福州军州事。

〔4〕掌书记：宋代州府军监下属的幕职官。

〔5〕知怀安县樊纪：知怀安县事樊纪。怀安，今属福州。

〔6〕治平元年：即1064年。治平(1064—1067)为宋英宗赵曙的年号。

〔7〕三司使给事中：宋朝将五代时盐钱使、度支使、户部使合并为一，称三司，三司使总揽其事。《宋史·职官志》：三司使"总盐铁、度支、户部之事，以经天下财赋而均其出入焉"。给事中，属门下省，《宋史·职官志》："掌读中外出纳，及判后省之事。若政令有失当，除授非其人，则论奏而驳正之。凡章奏，日录目以进，考其稽违而纠治之。"在宋代前期，这是一种虚衔。

【译文】

臣皇祐年间修撰起居注，向仁宗皇帝奏事时，多次承蒙皇帝询问建安贡茶与试茶的情况。臣以为讨论茶的谈话虽然是宫廷内的话语，但不涉及机密，于是写了《茶录》二篇进呈。后来掌管福州时，所藏底稿被掌书记偷走,自己也不能回忆起来。掌管怀安县的樊纪购买到了这份稿本,就刊刻了,在喜爱的人中间流传,但是错误较多。臣怀念先帝眷顾、知遇之恩,捧着书不禁潸然泪下,于是加以勘正、写定,刻在石碑上,以使其永久流传。治平元年五月二十六日,三司使给事中臣蔡襄谨记。

品茶要录

［宋］黄儒 撰

序

说者尝怪陆羽《茶经》不第建安之品，盖前此茶事未甚兴，灵芽真笋，往往委翳消腐，而人不知惜。自国初已来，士大夫沐浴膏泽，咏歌升平之日久矣，夫体势洒落，神观冲淡，惟兹茗饮为可喜。园林亦相与摘英夸异，制卷鬻新而趋时之好，故殊绝之品始得自出于榛莽之间，而其名遂冠天下。借使陆羽复起，阅其金饼[1]，味其云腴[2]，当爽然自失矣。因念草木之材，一有负瑰伟绝特者，未尝不遇时而后兴，况于人乎！然士大夫间为珍藏精试之具，非会雅好真，未尝辄出。其好事者，又尝论其采制之出入，器用之宜否，较试之汤火，图于缣素，传玩于时，独未有补于赏鉴之明耳。盖园民射利，膏油其面，色品味易辨而难评。予因收阅之暇，为原采造之得失，较试之低昂，次为十说，以中其病，题曰《品茶要录》云。

【注释】

〔1〕金饼：宋代贡茶名。

〔2〕云腴：宋代贡茶名，用一种采自天然生长的白叶茶树的茶叶烘制而成。

【译文】

谈论茶的人曾经责备陆羽《茶经》不列建安的茶品，这大概由于在此之前建安的茶事不怎么兴盛，绝佳的茶芽茶叶，常常自然枯萎、腐烂、消亡，人们也不懂得珍惜。自北宋初年以来，士大夫们蒙受皇恩的庇护，歌舞升平的太平日子长了，他们行事洒脱，气质也温和淡泊,只把饮茶看作是令人喜悦的事。茶园之间也争相采摘上品茶叶,焙制、销售新奇茶品来迎合时尚,因而丛生草木间的绝佳茶品开始被发现,而建茶的名声也随之超越众茶,传遍天下。假使陆羽复生,观赏到“金饼”茶,品尝到“云腴”茶,也会感到茫然而无所适从。于是联想到即使是瑰丽奇特、不同凡响的草木,也未尝不是遇到好时运后才兴盛,更何况人呢!

然而有的士大夫所备用于珍藏的精雅点试器具,如果不是高雅真赏的友朋聚会,不会随便拿出来。有好事的人,又曾经分析采茶制茶工艺的差别、饮茶器具的合适与否、点茶时的火候掌握、并将其画在白色的绢上,可一时传观赏玩,但并不能有助于提高品赏鉴别茶品的能力。

大概因为茶农追求利益,用油脂涂抹团饼茶表面,茶的颜色、品类、味道虽容易辨别却难以评价好坏。于是我趁着收藏鉴赏的间隙,为之探求采制茶叶的得失,与评试茶品优劣的根源,依次写定十个方面,以指出其错误做法带来的弊病,并命名为《品茶要录》。

一、采造过时

茶事起于惊蛰[1]前，其采芽如鹰爪，初造曰试焙[2]，又曰一火，其次曰二火。二火之茶，已次一火矣。故市茶芽者，惟同出于三火前者为最佳。尤喜薄寒气候，阴不至于冻，芽发时尤畏霜，有造于一火二火皆遇霜，而三火霜霁，则三火之茶已胜矣。晴[3]不至于暄，则谷芽含养约勒[4]而滋长有渐，采工亦优为矣。凡试时泛色鲜白，隐于薄雾者，得于佳时而然也。有造于积雨者，其色昏黄。或气候暴暄，茶芽蒸发，采工汗手熏渍，拣摘不给，则制造虽多，皆为常品矣。试时色非鲜白、水脚[5]微红者，过时之病也。

【注释】

〔1〕惊蛰：二十四节气之一，在公历三月的五日或六日，此时气温上升，蛰居过冬的动物开始活动。福建纬度较低，茶树生长也比纬度高的产区快。宋宋子安《东溪试茶录》："建溪茶比他郡最先，北苑、壑源者犹早，岁多暖则先惊蛰十日即芽，岁多寒则后惊蛰五日始发。"因而惊蛰前即开始采茶。

〔2〕试焙：宋人对每年第一次开火焙茶的称呼。

〔3〕晴：底本作"时"，据宛委山堂《说郛》本、《四库》本改。

〔4〕勒：底本作"勤"，据宛委山堂《说郛》本、《四库》本改。

〔5〕水脚：点茶后茶盏壁上留下的水痕，即蔡襄《茶录》中说的"水痕"。宋苏轼《和蒋夔寄茶》："沙溪北苑强分别，水脚一线争谁先。"

【译文】

采茶活动开始于惊蛰之前，这时采摘像鹰爪一样的茶芽，第一次开火焙茶叫做"试焙"，又叫"一火"，第二次叫"二火"。"二火"的茶，已经比"一火"的差一些了。因而买茶的人，只认为"三火"之前制作的茶是最好的。采茶制茶都特别适宜微寒的气候，阴冷但不至于有霜冻，茶芽萌发时特别怕霜，有些在“一火”、“二火”时制作的茶都遭遇霜冻，而“三火”时霜冻的天气消失，那么“三火”时的茶就更胜一筹了。天气晴朗但又不至于太炎热，谷雨前茶芽中包含的养分内蓄而不外泄，并且生长快慢适度，采茶工也易于采摘。但凡点试时泛出像薄雾笼罩一般鲜亮发白颜色的，是采于最佳时机使然。有些茶在接连下雨的天气里加工，茶汤的颜色暗淡发黄。有些在气候骤热的时候采摘，茶芽水分蒸发较多，加之采茶工汗手浸渍，采摘不够及时，即使焙制得再多，也都是普通品种。点试时茶汤颜色不鲜亮发白，“水脚”微微发红的，就是采摘、焙制茶叶时节不合的弊病。

二、白合盗叶

茶之精绝者曰斗[1]，曰亚斗，其次拣芽[2]。茶芽，斗品虽最上，园户或止一株，盖天材间有特异，非能皆然也。且物之变势无穷，而人之耳目有尽，故造斗品之家，有昔优而今劣、前负而后胜者。虽人工有至有不至，亦造化推移不可得而擅也。其造，一火曰斗，二火曰亚斗，不过十数銙[3]而已。拣芽则不然，遍园陇中择去其精英者耳。其或贪多务得，又滋色泽，往往以白合盗叶[4]间之。试时色虽鲜白，其味涩淡者，间白合盗叶之病也。一鹰爪之芽，有两小叶抱而生者，白合也。新条叶之抱生而色白者，盗叶也。造拣芽常剔取鹰爪，而白合不用，况盗叶乎。

【注释】

〔1〕斗：宋人所说的“斗”或“斗品”，是指最上等的茶芽。

〔2〕拣芽：一种高品质的茶芽，“一芽带一叶”，在宋朝时又称为“一枪一旗”。宋熊蕃《宣和北苑贡茶录》：“故一枪一旗，号拣芽，最为挺特光正。”宋徽宗《大观茶论》：“凡茶如雀舌、谷粒者为斗品，一枪一旗为拣芽，一枪二旗次之，馀斯为下。”

〔3〕十数銙(kuǎ)：即十多饼团饼茶。銙，原指腰带上的带扣版，因团饼茶形似带銙，又引申为团饼茶、銙茶之意。也用作团饼茶的量词。

〔4〕白合盗叶：焙制团饼茶的茶叶中夹杂不合质量要求的对夹叶与粗老叶，宋人称为白合盗叶。白合，指两叶抱生的茶芽。宋宋子安《东溪试茶录》称白合与乌蒂是“茶之大病”，“不去白合，则味苦涩”。宋徽宗《大观茶论》：“白合不去害茶味。”盗叶，指新发枝条上初生的嫩叶且颜色发白的。

【译文】

茶中的极品称为“斗”,称为“亚斗”,其次的称为“拣芽”。“斗”一类的茶芽虽然是最上乘的,但一家茶园里也许只有一株,大概是天生茶树中偶尔出现的特异品种,不可能所有的茶树都是这样。况且事物变化无穷,而人的耳闻目见却有局限,因而制作斗品的茶人,有过去茶品优质而现在低劣的,也有从前不佳而后来居上的。虽然制茶工艺有到家与不到家的差别,但自然的规律也不可能让某一个人永远独自擅场。制造时,“一火”焙制出的称为“斗”,“二火”焙制出的称为“亚斗”,总共也只不过能做十几銙茶罢了。“拣芽”则不是这样,满茶园陇中挑选上好的芽叶就可以了。有的茶农贪图量多,又为了润泽团饼茶的颜色,常常把白合、盗叶掺入其中。点试时茶汤颜色虽然鲜亮发白,但口感涩、味道淡,这就是掺杂白合、盗叶的弊病。鹰爪形的茶芽中,两片小叶抱生的是白合。新枝条上抱生而颜色发白的芽叶,是盗叶。焙制“拣芽”茶时常要剔除鹰爪形的芽叶,白合也被弃置不用,更何况盗叶呢?

三、入杂

物固不可以容伪，况饮食之物，尤不可也。故茶有入他叶者，建人号为“入杂”。銙列入柿叶[1]，常品入桴槛叶[2]。二叶易致，又滋色泽，园民欺售直而为之也。试时无粟纹甘香，盏面浮散隐如微毛，或星星如纤絮者，入杂之病也。善茶品者，侧盏视之，所入之多寡，从可知矣。向上下品有之，近虽銙列，亦或勾使。

【注释】

〔1〕柿叶：柿科植物柿树 *Diospyros kaki Linn.f.*的叶子。

〔2〕桴槛叶：不详。

【译文】

本来，任何事物都不能容忍虚假，何况是吃喝的东西，那就更不可以容忍了。因而茶叶中有掺杂其他叶子的，建州人称为“入杂”。銙茶中掺入柿叶，普通茶品中掺入桴槛叶，因为这两种叶子容易得到，又能增饰茶叶色泽，茶农是为了多卖钱而这样做的。点试时没有粟样的纹理与甘香的味道，茶盏表层的茶汤浮散着像细毛一样不明显的东西，或像纤细的棉絮一样点点密布的东西，就是掺入杂叶的弊病。善于品茶的人会将茶盏倾斜过来看，就能知道混入杂叶的多少。从前各种等级的普通茶品有“入杂”的情况，现在即使是銙茶之类，也有时因追求利益而掺入杂叶。

四、蒸不熟

谷芽初采，不过盈箱而已，趣时争新之势然也。既采而蒸，既蒸而研。蒸有不熟之病[1]，有过熟之病。蒸不熟，则虽精芽，所损已多。试时色青易沉，味为桃仁之气者，不蒸熟之病也。唯正熟者，味甘香。

【注释】

〔1〕蒸有不熟之病：唐宋时期普遍使用蒸青法制作团饼茶，如果蒸青温度高低与时间长短没有掌握好，蒸汽杀青程度不够，茶叶中的酶的结构就不能被完全破坏，同时鲜叶的青臭苦涩的生青气味也不能完全消除，因而会产生黄儒所说的“桃仁之气”。宋宋子安《东溪试茶录》也说：“茶芽未熟，则草木气存。”

【译文】

谷雨前茶芽初次采摘，只不过能采满一箱而已，这是由于迎合时尚而追求新芽的原因造成的。采摘后随即蒸青，蒸好后要随即研磨。蒸茶有程度不够的弊病，也有过度的弊病。如果蒸青程度不够，即使是精好的茶芽，品质也会降低很多。点试时颜色发青，容易沉底，并有桃仁的气味，是蒸青程度不够的弊病。只有蒸青程度适当的茶，才会有甘香的味道。

五、过熟

茶芽方蒸，以气为候，视之不可以不谨也。试时色黄而粟纹大者，过熟之病也[1]。然虽过熟，愈于不熟，甘香之味胜也。故君谟论色，则以青白胜黄白；予论味，则以黄白胜青白。

【注释】

〔1〕过熟之病：宋徽宗《大观茶论》认为蒸压过熟会使茶色变得灰白，宋赵汝砺《北苑别录》："过熟则色黄而味淡。"蒸青时间过长会使叶子变黄，产生黄叶黄汤。

【译文】

茶芽正在蒸的时候，蒸汽的强弱是判断火候的标准，必须谨慎地对待。点试时颜色发黄且粟状纹理偏大，是蒸青过度的弊病。但即使是蒸青过度，也比蒸青熟度不够好，因为能以甘香的气味取胜。所以蔡襄凭颜色来评定茶的优劣，认为青白色的胜过黄白色的；我凭味道来评定茶的优劣，认为黄白色的胜过青白色的。

六、焦釜

茶，蒸不可以逾久，久而过熟，又久则汤干而焦釜之气上。茶工有泛新汤以益之，是致薰损茶黄〔1〕。试时色多昏红，气焦味恶者，焦釜之病〔2〕也。建人号为热锅气。

【注释】

〔1〕茶黄：宋人称已经蒸熟的茶为茶黄，详见下文《七、压黄》。宋赵汝砺《北苑别录》："茶既熟，谓茶黄。"

〔2〕焦釜之病：指蒸青时间太长，锅中的水烧干后出现焦糊的气味，渗入茶味中。又称"受烟"，宋宋子安《东溪试茶录》："受烟则香夺。"

【译文】

茶，蒸的时间不能太长，时间长了就会蒸青过度，时间再长就会因水熬干而冒出糊锅的气味。制茶人有时又添加进新的开水，这种做法会导致茶黄被熏坏。点试时颜色偏于暗红，有焦糊难闻气味的，是糊锅的弊病。建州人称之为"热锅气"。

七、压黄

茶已蒸者为黄。黄细，则已入卷模[1]制之矣。盖清洁鲜明，则香色如之。故采佳品者，常于半晓间冲蒙云雾[2]，或以罐汲新泉悬胸间，得必投其中，盖欲鲜也。其或日气烘烁，茶芽暴长，工力不给，其采芽已陈而不及蒸，蒸而不及研，研或出宿而后制。试时色不鲜明，薄如坏卵气者，压黄[3]之谓也。

【注释】

〔1〕卷模：指制作蒸青团饼茶的模具，有不同形状的多种形制，如所谓"茶銙"。

〔2〕常于半晓间冲蒙云雾：古人认为日出以前是采摘茶叶的最佳时机，宋代采茶也多在日出之前。宋徽宗《大观茶论》："撷茶以黎明，见日则止。"宋熊蕃《宣和北苑贡茶录》附《采茶歌》："采采东方尚未明，玉芽同护见心诚。""红日初升气转和，翠篮相逐下层坡。"描写了日出之前采摘、太阳升起时已采完下山的情形。

〔3〕压黄：名称来源于茶黄的积压，泛指茶叶积压而不能马上蒸青、制作、焙烤。

【译文】

蒸青以后的茶叫做"黄"。研磨后的黄，就能放入卷模制作饼茶了。大约外观清洁、颜色鲜亮的茶，味道也相应地好。因而采摘上等茶品的人，常在日出前就进入高山云雾之间，有人还用水罐打了新鲜的泉水挂在胸前，采到好茶就投进罐里，这样做大概是为了保持新鲜。有时光照强烈，茶芽生长很快，采制的人手不够，采下的茶芽已积压而来不及蒸,蒸完后的茶黄也来不及研磨,研细的茶末有时放了一夜才制成团饼茶。点试时颜色不鲜亮,还稍带腐坏禽蛋的气味,就是所谓的茶黄积压的弊病。

八、渍膏

茶饼光黄,又如荫润者,榨不干也。榨欲尽去其膏,膏尽则有如干竹叶之色。唯饰首面者[1],故榨不欲干,以利易售。试时色虽鲜白,其味带苦者,渍膏之病也。

【注释】

〔1〕饰首面者:仅讲究表面装饰的团饼茶。

【译文】

表面光润发黄,又像受潮一样的团饼茶,是因为水分没有榨干。榨的目的在于把水分完全去掉,水分榨尽的茶好像干竹叶一样的颜色。只有仅讲究表面装饰的团饼茶,才故意不榨干水分,以便容易销售。点试时颜色虽然鲜亮发白,但茶味苦涩,是茶叶中含水分太多的弊病。

九、伤焙

夫茶本以芽叶之物就之卷模，既出卷，上笪[1]焙之。用火务令通彻，即以灰覆之，虚其中，以热火气。然茶民不喜用实炭[2]，号为冷火，以茶饼新湿，欲速干以见售，故用火常带烟焰。烟焰既多，稍失看候，以故熏损茶饼。试时其色昏红，气味带焦者，伤焙[3]之病也。

【注释】

〔1〕笪(dá)：用竹篾制成的类似席一类的物品。

〔2〕实炭：无实焰的炭火，又称冷火；与之相对的是活火，即有焰的炭火。

〔3〕伤焙：焙烤时用火过旺，以致团饼茶被熏坏而带有烟熏火燎的气味。

【译文】

茶是将本来为芽叶形状的东西放到模具中，既而从模具中取出，放到竹席上烘烤。烘烤用的火务必要通畅透彻，然后把炉灰覆盖在火苗上，灰的中间不能覆盖得太严实，目的是保持火的温度。但是制茶的人不喜欢用这样无焰的炭火，称其为“冷火”，因为新制作出的茶饼较湿，想要快速烘干以便卖出去，所以烘烤用火常常带有烟和火焰。烟和火焰既然过多，一旦稍微疏忽了火候的掌握，就会因此熏坏茶饼。点试时呈暗红颜色，带有焦糊的气味，是烘烤失当的弊病。

十、辨壑源、沙溪

壑源[1]、沙溪[2]，其地相背，而中隔一岭，其势无数里之远，然茶产顿殊。有能出力移栽植之，不为土气所化。窃尝怪茶之为草，一物尔，其势必由得地而后异。岂水络地脉，偏钟粹于壑源？抑御焙[3]占此大冈巍陇，神物伏护，得其徐荫耶？何其芳甘精至而独擅天下也。观乎春雷一惊[4]，筠笼才起[5]，售者已担簦[6]挈橐于其门。或先期而散留金钱，或茶才入笪而争酬所直，故壑源之茶常不足客所求。其有杰猾之园民，阴取沙溪茶黄，杂就家卷而制之，人徒趋其名，睨其规模之相若，不能原其实者，盖有之矣。凡壑源之茶售以十，则沙溪之茶售以五，其直大率仿此。然沙溪之园民，亦勇以为利，或杂以松黄[7]，饰其首面。凡肉理怯薄，体轻而色黄，试时虽鲜白不能久泛，香薄而味短者，沙溪之品也。凡肉理实厚，体坚而色紫，试时泛盏凝久，香滑而味长者，壑源之品也。

【注释】

〔1〕壑源：指壑源岭，在建安（今福建建瓯）境内，是宋代著名的茶产地，与北苑贡焙所在地相邻近，但壑源茶焙系私焙，并非专为进贡。

〔2〕沙溪：宋代的茶产地。在建安境内，北苑贡焙西十里，与壑源只相隔一岭。因山势和土质的关系，沙溪产茶质量与凤凰山、壑源相差甚大，而且据宋宋子安《东溪试茶录》记载，制作团饼的方法也有差别，主要是蒸青后不将水分榨干，而是保留一部分，以增饰团饼茶表面的光泽。

〔3〕御焙：北苑凤凰山的贡焙。

〔4〕春雷一惊：指二十四节气中的惊蛰，在公历的三月五、六或七日。

此时气温上升，土地解冻，春雷始鸣。

〔5〕筠笼才起：意为刚开始采茶。筠笼，采茶的竹篮。

〔6〕簦(dēng)：《说文解字·竹部》："簦，笠盖也。"段玉裁注："笠而有柄如盖也。即今之雨伞。"

〔7〕松黄：松花粉。《重修政和类证本草》卷一二《松脂》引《唐本注》："云松花名松黄，拂取似蒲黄正尔。"又引《图经》："其花上黄粉名松黄，山人及时拂取作汤点之甚佳，但不堪停久，故鲜用。"

【译文】

壑源、沙溪两地彼此背靠背，而中间隔着一道山岭，两地形势无非几里路的距离，但所产的茶叶却完全不同。有人尝试出力移栽种植，茶树不会被移栽后的土壤环境所同化。我曾暗自奇怪，茶作为草木，不过是一种植物罢了，其品质必定因生长土壤的适宜程度不同而不同。难道是水文和地脉的精华都聚集在了壑源？还是因为皇家御焙占据了此地的高山峻岭，所以神灵保佑，壑源也随之得到了庇护呢？要不怎么会芳香甜美、无比精到，且天下绝无仅有呢！常见一到惊蛰时节，茶农刚背起竹笼采茶，茶商就已经背着雨伞、带着布袋登门了。有的茶商提前预约并预付定金，有的在茶叶才上席烘烤就争相付钱购买，所以壑源所产的茶经常供不应求。有些狡黠奸猾的茶农，暗地里取来沙溪茶黄，掺进自家的壑源茶再放入模具制作团饼茶，人们只奔着壑源茶的名声而来，仅看团饼茶的外形差不多，而不能探究其实际的情况，应该说还是存在的。一般壑源茶的销售价格为十，则沙溪茶的销售价格为五，两者价格大体上同于这个比例。然而沙溪的茶农也争相追求利润，有的会掺进松黄，以装点茶的表面。凡是茶叶质地不丰厚润泽、重量轻而且颜色发黄，点试时虽然颜色鲜亮发白但不能持久、香味淡薄且回味短暂的，是沙溪所产的茶品。凡是质地丰厚润泽、坚实细密而颜色发紫，点试时水痕持续时间长、香味滑口且回味悠长的，是壑源所产的茶品。

后　论

予尝论茶之精绝者，其白合未开，其细如麦，盖得青阳[1]之轻清者也。又其山多带砂石而号嘉品者，皆在山南，盖得朝阳之和者也。予尝事闲，乘晷景[2]之明净，适轩亭之潇洒，一取佳品尝试，既而神水生于华池[3]，愈甘而清，其有助乎？然建安之茶，散天下者不为少，而得建安之精品不为多，盖有得之者不能辨，能辨矣，或不善于烹试，善烹试矣，或非其时，犹不善也，况非其宾乎？然未有主贤而宾愚者也。夫惟知此，然后尽茶之事。昔者陆羽号为知茶，然羽之所知者，皆今之所谓草茶[4]。何哉？如鸿渐所论"蒸笋并叶，畏流其膏"，盖草茶味短而淡，故常恐去膏；建茶力厚而甘，故惟欲去膏。又论福建而为"未详"，"往往得之，其味极佳"，由是观之，鸿渐未尝到建安欤？

【注释】

〔1〕青阳：指春天。《尔雅·释天》："春为青阳。"郭璞注："气清而温阳。"

〔2〕晷(guǐ)景：日影。

〔3〕华池：古人称口或舌下为华池。《太平御览》卷三六七引《养生经》："口为华池。"卷三六八引《抱朴子内篇》："或问坚齿之道。答曰养以华池，漱以浓液。"

〔4〕草茶：蒸后不捣不拍、不入茶模制团饼而直接烘干的散叶茶，宋人称为草茶或叶茶。黄儒仅凭"畏流其膏"一点判定陆羽所论为"草茶"，失之武断。

【译文】

我曾经谈论过茶中极品，其两叶抱生的茶芽尚未张开，芽形纤细像麦芒一样，大概是得到了春天清和气息的滋润。又有在山间砂石土壤中生长而被称作优质品种的茶树，都生长在山南，大概是沐浴了早晨温暖的阳光。

我曾经有段悠闲的时光，趁着明净的阳光，洒脱地到轩亭去，找来好茶点试、品尝，立刻感觉满口生津，并且愈发地甘甜清爽，难道是茶的作用吗？建安所产的茶遍布天下，不能算少，但得到建茶精品的人却不多，就算得到的人也不一定都能辨别，即使能够辨别，有的又不善于烹煮点试，善于烹煮点试的，有的又没有饮茶的好机会，这还是和不善于点试一样，又何况没有懂得品茶的宾客呢？然而还没有过主人贤明而宾客愚笨的情况。只有懂得这个道理，才能完全了解茶的知识。从前陆羽号称懂茶，但是陆羽所懂得的，都是现在所谓的“草茶”。为什么这样说呢？因为他曾谈论到“将已蒸好的茶的芽、笋、叶摊开，避免茶叶中的膏汁的流失”，可能是因为草茶回味短暂而口感寡淡，所以常怕膏汁流失；而建茶的味道浓厚且口感甘甜，所以要把膏汁去掉。陆羽在谈论福建茶时又说“不是很清楚”，“常常得到，味道非常好”，从这些方面来看，陆羽果真没有到过建安吗？

茶　疏

[明] 许次纾　撰

产茶

天下名山，必产灵草。江南地暖，故独宜茶。大江以北，则称六安[1]，然六安乃其郡名，其实产霍山县之大蜀山[2]也。茶生最多，名品亦振，河南、山陕人皆用之。南方谓其能消垢腻，去积滞，亦共宝爱。顾彼山中不善制造，就于食铛[3]大薪炒焙，未及出釜，业已焦枯，讵堪用哉？兼以竹造巨笥[4]，乘热便贮，虽有绿枝紫笋，辄就萎黄，仅供下食，奚堪品斗？

江南之茶，唐人首称阳羡[5]，宋人最重建州，于今贡茶两地独多。阳羡仅有其名，建茶亦非最上，惟有武夷雨前最胜。近日所尚者，为长兴[6]之罗岕[7]，疑即古人顾渚紫笋[8]也。介于山中谓之岕，罗氏隐焉故名罗。然岕故有数处，今惟洞山最佳。姚伯道[9]云："明月之峡[10]，厥有佳茗，是名上乘。"要之，采之以时，制之尽法，无不佳者。其韵致清远，滋味甘香，清肺除烦，足称仙品。此自一种也。若在顾渚，亦有佳者，人但以水口茶名之，全与岕别矣。若歙之松萝[11]、吴之虎丘[12]、钱唐之龙井[13]，香气秾郁，并可雁行，与岕颉颃。往郭次甫[14]亟称黄山，黄山亦在歙中，然去松萝远甚。往时士人皆贵天池[15]。天池产者，饮之略多，令人胀满。自余始下其品，向多非之，近来赏音者，始信余言矣。浙之产，又曰天台之雁宕[16]、栝苍之大盘[17]、东阳之金华[18]、绍兴之日铸[19]，皆与武夷相为伯仲。然虽有名茶，当晓藏制。制造不精，收藏无法，一行出山，香、味、色俱减。钱塘诸山，产茶甚多。南山尽佳，北山稍劣。北山勤于用粪，茶虽易茁，气韵反薄。往时颇称睦之鸠坑[20]、四明之朱溪[21],今皆不得入品。武夷之外,有泉州之清源[22],倘以好手制之,亦是武夷亚匹。惜多焦枯,令人意尽。楚之产曰宝庆[23],滇之产曰五华[24],此皆表表有名,犹在雁茶之上。其他名山所产,当不止此,或余未知,或名未著,故不及论。

【注释】

〔1〕六安:六安州,明代属庐州府,辖英山、霍山二县。今安徽省六安市。

〔2〕霍山县之大蜀山:霍山县,属六安州,因县南有霍山(又名天柱山)而得名。今安徽省霍山县。大蜀山,《嘉庆一统志》卷一二二:"在合肥县西二十里。《尔雅·释山》:'蜀者,独也。此山独起,无冈阜连属,故名。'""又有小蜀山在县西四十里。"

〔3〕铛(chēng):釜一类的炊具,类似于现在的锅。

〔4〕笱(gǒu):原为捕鱼的竹器,这里指竹编的篓。

〔5〕阳羡:今江苏宜兴,自古以产茶闻名。

〔6〕长兴:明属湖州府,今浙江省长兴县。顾渚山在县治西北四十馀里。

〔7〕罗岕(jiè):(万历)《湖州府志》卷二:"互通山,县西北七十里,山甚高大,有四十八陇,有罗岕,产茶,甚珍之。"

〔8〕顾渚紫笋:顾渚山,又名西顾山,在今浙江长兴县,所产紫笋茶在唐代即是名品。

〔9〕姚伯道:姚绍宪,字伯道,明代浙江吴兴(今浙江湖州)人。精研茶理,将平生种茶、制茶、饮茶的经验全部传授给许次纾,并为《茶疏》写了序。

〔10〕明月之峡:明月峡,在顾渚山。(万历)《湖州府志》卷二:"山中有明月峡,绝壁峭立,大涧中流,其茶所生,尤为异品。"

〔11〕歙(shè)之松萝:明代歙县属徽州府,今安徽省黄山市。松萝,即松萝茶,以产自松萝山而得名,是明代著名茶品。明谢肇淛《五杂组》卷一一:"今茶品之上者,松萝也,虎丘也,罗岕也,龙井也,阳羡也,天池也。"清顾祖禹《读史方舆纪要》卷二八:"松萝山,在(休宁)县北十三里……峰峦攒簇,松萝交映,蜿蜒数里,如列屏障,产茶。"

〔12〕吴之虎丘:明代吴县属苏州府,今江苏苏州。虎丘茶,明代名茶,

产自虎丘山。《明一统志》卷八："虎丘山，在府城西北九里，一名海涌山。"

〔13〕钱塘之龙井：明代钱塘县属杭州府，今浙江杭州。龙井，《嘉庆一统志》卷二八三："在钱塘县风篁岭。本名龙泓，产茶最佳。"

〔14〕郭次甫：郭第，字次甫，号五游子，明代长洲（今江苏苏州）人。曾参与竹素园本《茶经》的校勘。

〔15〕天池：天池山。清陈元龙《格致镜原》卷二一引明黄一正《事物绀珠》："天池茶，出苏州天池山。"明王鏊《姑苏志》卷八："花山，旧名华山，去阳山东南五里，山石峭拔，岩壑深秀，相传山顶有池，生千叶莲，服之羽化，故名……又名天池山。"

〔16〕天台之雁宕：天台山，在浙江省天台县北。雁宕，又称雁荡，产自雁荡山的雁茶是明朝著名的茶品。《明一统志》卷三八："雁荡山，在乐清县东九十里。"

〔17〕栝（kuò）苍之大盘：栝苍，即栝苍山，位于今浙江省东南部仙居、永嘉、缙云等县交界处。大盘茶，以产自大盘山而得名。大盘山位于浙江省磐安县境内。

〔18〕东阳之金华：明代东阳县属金华府，今浙江省东阳市。

〔19〕绍兴之日铸：日铸茶，以产自浙江绍兴日铸岭而得名。日铸岭，《嘉庆一统志》卷二九四："在会稽县东南五十五里，产茶极佳。"日铸茶宋代以来极负盛名，（嘉泰）《会稽志》卷九："日铸岭，在县东南五十五里，地产茶最佳。欧阳文忠《归田录》：'草茶盛于两浙，两浙之品，日铸第一。'"

〔20〕睦之鸠坑：睦州明代为严州府，在今浙江淳安、建德、桐庐一带。鸠坑茶，以产自鸠坑而得名。鸠坑在唐代即是著名的茶叶产地，见唐李肇《国史补》。宋乐史《太平寰宇记》卷九五也记载了"鸠坑团茶"。许次纾所列举的浙江名茶不全是明朝的茶品，而是唐宋以来的历代名茶，所以茶名与地名有与当时不符之处。

〔21〕四明之朱溪：四明，即四明山，《嘉庆一统志》卷二二四："在金华府西南一百五十里，为郡之镇山。"朱溪茶，（雍正）《浙江通志》卷一〇三引（万历）《象山县志》："茶出朱溪者佳。"（嘉定）《赤城志》卷二十五："朱溪在县西一百六里，一名木溪，源出栝苍岭，南流四十里入瞿溪，十里入大溪。"

〔22〕泉州之清源：泉州，今福建泉州。清源茶，以产自清源山而得名。清源山，《嘉庆一统志》卷四二八："清源山，在府城北五里，郡主山也。旧名

泉山，一名北山。”

〔23〕宝庆：明洪武元年（1368）升为府，领武冈州及邵阳、新化、城步三县。辖境在今湖南省邵阳、新化、武冈一带。

〔24〕五华：五华茶，以产自云南昆明五华山而得名。明谢肇淛《滇略》卷二：“五华山，在省城中。”

【译文】

天下有名的山，必定出产奇异的草木。江南地区气候温暖，因而尤其适宜茶叶生长。长江以北的茶叶产区，就数六安了，然而六安是其郡名，实际的产茶区在霍山县的大蜀山。那里茶叶产量很大，有名的茶品也为人熟知，河南、山西、陕西等地的人都饮用。南方人称六安茶能消除油腻，化解积食，也都很珍爱它。但是那些产区不善于炒制茶叶，用大柴火在煮饭锅里炒烘，还没来得及出锅，茶叶就已经焦糊干枯了，哪里能饮用呢？再加上用竹制成大竹篓，茶炒完还没冷却就放进竹篓，即使有绿枝叶、紫笋芽，也很快变枯变黄，只能供配饭之用，哪里能经得起品评斗试呢？

江南地区的茶，唐朝人最推崇阳羡茶，宋朝人最看重建州茶，直到现在，贡茶还是这两个地方的尤多。但阳羡茶只是徒有其名，建茶也不是最好的，只有武夷山的雨前茶最好。现在看重的，是长兴的罗岕茶，可能就是古人所谓顾渚紫笋茶。介于两山之间的称为岕，有姓罗的人隐居于此，所以以罗命名。然而产茶的“岕”以前有好几处，现在只有洞山所产的最好。姚伯道说：“明月峡中出产好茶，名气也很大。”关键是要按时采摘，炒制得法，那么就没有不好的茶了。明月茶清香淡远，滋味甘香，能清肺热除烦闷，足以称得上仙品。这自是一种好茶。顾渚当然也有好茶，但人们只把它称作水口茶，与岕茶完全区别开。像歙县的松萝茶、吴县的虎丘茶、钱塘的龙井茶，茶香浓郁，都可以与岕茶媲美，且不相上下。从前郭次甫极力推崇黄山茶，黄山茶也产在歙州境内，然而比起松罗茶却差得很远。以前士人都看重天池茶。然而天池山出产的茶，稍微喝多一些，就使人产生腹胀的感觉。从我开始贬低它的茶品，以前还招来很多非议，但近来真懂茶的人，开始相信我的话了。浙江出产的茶，还可提到天台的雁荡茶、栝苍的大盘茶、东阳的金华茶、绍兴的日铸茶，都和武夷茶在伯仲之间。然而即使出产名茶，还应当懂得加工与收藏。如果加工不精善，收藏不得法，一旦运出山去，香气、味道、颜色都会减损。钱塘的一些山，产茶都很多。南山的全都很好，北山的就稍差一些。北山勤于施肥，茶芽虽然茁壮，但香味和口感却反而单薄。从前颇得好评的睦州鸠坑茶、四明朱溪茶，现在全都不入流。福建武夷茶之外，还有泉州的清源茶，倘若是好手加工，也能与武夷茶相匹敌。可惜大多茶叶炒得焦枯，让人扫兴。楚地所产的茶数宝庆茶，滇地所产的茶数五华茶，都是赫赫有名的茶，甚至在雁茶之上。其他名山所产的茶，应当不止这些，或许是我还不知道，或许是声名还不显赫，所以没有评论。

今古制法

古人制茶，尚龙团凤饼，杂以香药。蔡君谟诸公，皆精于茶理。居恒斗茶，亦仅取上方珍品碾之，未闻新制。若漕司[1]所进第一纲[2]，名北苑试新者，乃雀舌、冰芽所造，一夸之直，至四十万钱，仅供数盂之啜，何其贵也。然冰芽先以水浸，已失真味，又和以名香，益夺其气，不知何以能佳。不若近时制法，旋摘旋焙，香色俱全，尤蕴真味。

【注释】

〔1〕漕司：宋代管理征收赋税、出纳钱粮、办理上贡及漕运事宜的官署。清钱大昕《十驾斋养新录》卷一〇《帅漕宪仓》条："漕，谓转运司……漕则一路或有两三人，曰转运使，曰转运副使，曰转运判官，皆漕司也。"

〔2〕纲：此处指成批运载的茶。

【译文】

古人制作茶叶，崇尚龙团凤饼一类的茶，并且还掺进香料。蔡襄等人都精通制茶的法则。平常斗茶时所用的，也只是用上等好茶碾压而成，没有听说是新制作的。至于漕司进贡的第一批茶纲，被称为"北苑试新"的，是用雀舌、冰芽等绝品制作的，一銙茶的价值高达四十万钱，仅能供喝上几杯而已，多么昂贵啊。然而冰芽茶先用水浸泡过，已丧失了天然的味道，又掺入名贵香料，更加夺去其自身的味道，不知道好在哪里。不如现在的制作方法，采下之后马上烘焙，香气和颜色都保留着，尤其还蕴含着天然的味道。

采　摘

清明谷雨，摘茶之候也。清明太早，立夏太迟，谷雨前后，其时适中。若肯再迟一二日期，待其气力完足，香烈尤倍，易于收藏。梅时不蒸，虽稍长大，故是嫩枝柔叶也。杭俗喜于盂中撮点，故贵极细，理烦散郁，未可遽非。吴淞[1]人极贵吾乡龙井，肯以重价购雨前细者，狃于故常，未解妙理。岕中之人，非夏前不摘。初试摘者，谓之开园。采自正夏，谓之春茶。其地稍寒，故须待夏，此又不当以太迟病之。往日无有于秋日摘茶者，近乃有之。秋七八月，重摘一番，谓之早春，其品甚佳，不嫌少薄。他山射利，多摘梅茶。梅茶涩苦，止堪作下食，且伤秋摘，佳产戒之。

【注释】

〔1〕吴淞：明朝在长江下游入海口处设置吴淞江所，今上海市宝山区。

【译文】

清明和谷雨，是采茶的时节。清明时还太早，立夏时又太晚，谷雨前后，是最适宜的时候。如果愿意再推迟一两天，等到茶叶生长充分时采摘，不仅茶香会加倍，也更容易收藏。梅雨时阳气不上升，虽然茶叶稍微长大，但还是嫩枝柔叶。杭州的习俗，喜欢在茶盂中撮茶点泡，因而看重极细的茶芽，意在消除烦闷和纾解忧愁，不可随便非议。吴淞人非常看重我家乡的龙井茶，愿意花高价购买谷雨前的细茶，这只是拘泥于以前的习惯，实际上并不了解其中的微妙道理。岕中的茶农，不到立夏前几天不采茶。初次采摘，称作“开园”。

在正夏时采摘的,称作“春茶”。这个地方气候稍冷,所以要等到立夏才采摘,这又不能以采摘太晚来诟病。从前没有在秋天采茶的,晚近才有。秋天七八月间,重新采摘一遍,称为“早春茶”,品质非常高,饮用的人会满意其稍淡的口感。其他山里的茶农追求利益,多在梅雨时采摘。梅茶的味道既涩又苦,只能制作配饭用的普通茶,并且还会影响秋茶的采摘,好的茶品应该避免这种做法。

炒 茶

生茶初摘，香气未透，必借火力，以发其香。然性不耐劳，炒不宜久。多取入铛，则手力不匀，久于铛中，过熟而香散矣，甚且枯焦，尚堪烹点？炒茶之器，最嫌新铁。铁腥一入，不复有香。尤忌脂腻，害甚于铁。须豫取一铛，专用炊饮[1]，无得别作他用。炒茶之薪，仅可树枝，不用干叶，干则火力猛炽，叶则易焰易灭。铛必磨莹，旋摘旋炒。一铛之内，仅容四两。先用文火焙软，次加武火[2]催之。手加木指[3]，急急钞转，以半熟为度，微俟香发，是其候矣。急用小扇钞置被笼，纯绵大纸衬底燥焙。积多候冷，入瓶收藏。人力若多，数铛数笼。人力即少，仅一铛二铛，亦须四五竹笼。盖炒速而焙迟，燥湿不可相混，混则大减香力。一叶稍焦，全铛无用。然火虽忌猛，尤嫌铛冷，则枝叶不柔。以意消息，最难最难。

【注释】

〔1〕饮：底本作“饭”，据依《宝颜堂秘笈》本排印之《丛书集成初编》本改。

〔2〕武火：急火，相对于“文火”而言。

〔3〕木指：炒茶时用的一种工具。

【译文】

生茶刚摘下时，茶的香气不会透出来，必须借助火力才能使茶发出香气。然而茶性不耐折腾，炒茶的时间不宜太长。取太多的茶叶放进锅里，炒时手的用力就会不均匀，茶叶在锅里的时间长了，会因炒青过度而散失茶香味,甚至会干枯焦糊,哪里还能烹点饮用?炒茶的器具,最不适宜用新铁制的。铁腥味一旦混入,茶叶就不再有香味。炒茶还特别忌讳油脂油腻,其危害比铁腥味还大。所以要事先准备好一口锅,专门用来炒茶叶,不得有别的用途。炒茶时烧火的木柴,只能是树枝,不要用树干和树叶,因为树干烧起来火力太猛烈,树叶极容易旺也极容易灭。锅必须打磨光洁,茶叶要随采随炒。一口锅里面,只能放入四两茶叶。先用文火将茶叶烤软,再用旺火迅速杀青。用手再加上木指,十分快速地翻炒,以半熟为限度,等到香味微微发出时,就是合适的火候了。这时赶紧用小扇钞茶,铺放到底部衬着纯棉大纸的焙笼中烘干。积攒多了以后等待凉透,再放入瓶中收藏起来。

炒茶人手多时,要用几口锅、几个焙笼。即使人手较少,只有一两口锅,也需要四五个竹焙笼。原因是炒青的速度快而烘烤的速度慢,烘干的茶叶和没烘的茶不能掺混在一起,混杂了会使茶的香味大大降低。炒时只要一片茶叶稍有焦糊,整锅的茶都不能饮用了。然而炒茶虽然忌讳火力太猛,但更要避免炒锅太凉,否则茶的枝叶不会变柔软。这要靠感觉去把握,是最难最难的。

岕中制法

岕之茶不炒，甑中蒸熟，然后烘焙。缘其摘迟，枝叶微老，炒亦不能使软，徒枯碎耳。亦有一种极细炒岕，乃采之他山，炒焙以欺好奇者。彼中甚爱惜茶，决不忍乘嫩摘采，以伤树本。余意他山所产，亦稍迟采之，待其长大，如岕中之法蒸之，似无不可。但未试尝，不敢漫作。

【译文】

岕中的茶不经炒青，而是在甑中蒸青后，再进行烘烤。因为岕茶采摘的时间晚，枝叶稍有点老，炒制也不能使茶叶变软，只会使其干枯破碎而已。也有一种特别细的炒青岕茶，是从其他山上采摘来，经过炒青、烘烤工序制成，以欺骗好奇的人的。岕中的人特别爱惜茶树，绝不忍心趁着茶叶还嫩就采摘，并因此而伤害茶树。我料想其他山上产的茶，如果也稍晚些采摘，等到茶芽长大，用像岕茶一样的方法蒸青，好像也不是不行。只是没有尝试过，不敢贸然推广。

收　藏

收藏宜用磁瓮，大容一二十斤，四围厚箬，中则贮茶。须极燥极新，专供此事，久乃愈佳，不必岁易。茶须筑实，仍用厚箬填紧，瓮口再加以箬，以真皮纸包之，以苎麻[1]紧扎，压以大新砖，勿令微风得入，可以接新。

【注释】

〔1〕苎麻：*Boehmeria nivea* 荨麻科。多年生宿根性草本。我国特产的植物，纤维细长且韧性强，可以纺成麻布。根叶可入药。

【译文】

保存茶叶适合用瓷瓮，大的能容纳一二十斤，四周垫上厚厚的箬叶，中间放置茶叶。要非常干燥非常新，只能专门供贮藏茶叶用，时间越久越好，不必每年都更换。茶叶要摆放紧实，仍然用厚箬叶填实压紧，瓮口再加上箬叶，真皮纸包裹之后，用苎麻扎紧，再压上大块的新砖头，不要让空气得以进入，可以放到下一年新茶产出时。

置　顿

茶恶湿而喜燥，畏寒而喜温，忌蒸郁而喜清凉。置顿之所，须在时时坐卧之处。逼近人气，则常温不寒。必在板房，不宜土室，板房则燥，土室则蒸。又要透风，勿置幽隐。幽隐之处，尤易蒸湿，兼恐有失点检。其阁庋之方，宜砖底数层，四围砖砌，形若火炉，愈大愈善，勿近土墙。顿瓮其上，随时取灶下火灰，候冷，簇于瓮傍半尺以外，仍随时取灰火簇之，令里灰常燥，一以避风，一以避湿。却忌火气入瓮，则能黄茶。世人多用竹器贮茶，虽复多用箬护，然箬性峭劲，不甚伏帖，最难紧实，能无渗罅？风湿易侵，多故无益也。且不堪地炉中顿，万万不可。人有以竹器盛茶，置被笼[1]中，用火即黄，除火即润。忌之，忌之。

【注释】

〔1〕被笼：放置被物的竹箱。

【译文】

茶叶怕潮湿而喜干燥，怕寒冷而喜温暖，忌讳蒸闷而喜欢清凉。存放的场所，要在经常坐卧起居的地方。靠近人的气息，就能够保持常温而不致寒冷。一定要贮藏在木板房里，不适宜放在泥土房中，木板房比较干燥，泥土房闷热潮湿。贮藏的地方还要通风透气，不能放在昏暗隐蔽的地方。昏暗隐蔽的地方特别容易因闷热而受潮，同时还怕点查的时候不易发现。贮藏茶叶的地方，适宜在底下垫上几层砖，四周也用砖砌起来，形状好像火炉，越大越好，但不要贴近土墙。把瓮放在上面,随时取来炉灶下的火灰,等凉后堆聚在瓮边半尺以外的地方,仍然还要随时取来火灰堆聚,以使堆在里面的火灰保持干燥,一来可以避风,二来还可以防潮。但是忌讳火灰的温度传到瓮里,否则会使茶叶变黄。世人大都用竹器贮藏茶叶,即使用了再多的箬叶保护,但因箬叶生性坚挺,不很伏贴,难以压紧压实,哪能没有渗透的缝隙呢?风和潮气容易侵入,铺的箬叶再多也没用。而且竹器不能放在地炉中,所以用来贮茶是万万不可的。有的人用竹器盛着茶叶放入被笼中,用火一烤,茶叶就变黄;离开火,茶叶又返潮。这是特别忌讳的。

取　用

茶之所忌，上条备矣。然则阴雨之日，岂宜擅开？如欲取用，必候天气晴明，融和高朗，然后开缶，庶无风侵。先用热水濯手，麻帨[1]拭燥。缶口内箬，别置燥处。另取小罂[2]贮所取茶，量日几何，以十日为限。去茶盈寸，则以寸箬补之，仍须碎剪。茶日渐少，箬日渐多，此其节也。焙燥筑实，包扎如前。

【注释】

〔1〕麻帨(shuì)：麻做的巾帕。

〔2〕罂(yīng)：小口大腹的瓶。

【译文】

茶的忌讳，在上一条中已经说得很全面了。然而在阴雨的天气里，难道可以随意打开茶瓮吗？如果打算取用茶叶，必须等到天气晴朗，光照融和的时候，然后再打开茶瓮，这样才能不被潮气侵入。取茶时，要先用热水洗干净手，用手帕擦干。再将瓮口内的箬叶，另放在干燥的地方。把取出的茶叶放进另外拿来的小瓶子里，取茶时要估量每天所用的茶叶，以十天为最高限度。取出瓮内一寸高的茶叶，就用一寸高的箬叶补充进去，仍然要把箬叶剪碎。茶叶一天天逐渐减少，箬叶一天天逐渐增多，这就是取茶的准则。取完后用烘干的箬叶压实，像取用前一样包扎好。

包 裹

茶性畏纸，纸于水中成，受水气多也。纸裹一夕，随纸作气尽矣。虽火中焙出，少顷即润。雁宕诸山，首坐此病。每以纸帖寄远，安得复佳？

【译文】

茶叶生性畏惧纸，因为纸在水中制成，容纳的水汽比较多。用纸包裹一个晚上，茶叶就会全都随纸的水汽而受潮。即使刚用火烘烤过，纸包后不久也会受潮。雁宕山一带所产的茶，首先存在这种弊端。经常用纸包装送往远方，又怎么能保存好茶叶呢？

日用顿置

日用所需，贮小罂中，箬包苎扎，亦勿见风。宜即置之案头，勿顿巾箱书簏[1]，尤忌与食器同处。并香药则染香药，并海味则染海味，其他以类而推。不过一夕，黄矣变矣。

【注释】

〔1〕巾箱书簏：巾箱，古时放置头巾的小箱子，后来也用来存放书籍、文具等物品。书簏，藏书用的竹箱子。

【译文】

日常所需用的茶叶，贮藏在小罐中，用箬叶包裹后再用苎麻捆扎，也不要使其见风。应当随即放在案头，不要放在巾箱或书簏里，尤其忌讳与饮食器具放在一起。茶与香料放在一起就会沾染香料的味道，与海味放在一起就会沾染海味的气味，其他都可以此类推。如果存放不当，用不了一晚，茶叶就会变黄变味。

择　水

精茗蕴香，借水而发，无水不可与论茶也。古人品水，以金山中泠[1]为第一泉，第二或曰庐山康王谷[2]第一。庐山余未之到，金山顶上井，亦恐非中泠古泉。陵谷变迁，已当湮没。不然，何其漓薄不堪酌也？今时品水，必首惠泉[3]，甘鲜膏腴，致足贵也。往日[4]渡黄河，始忧其浊，舟人以法澄过，饮而甘之，尤宜煮茶，不下惠泉。黄河之水，来自天上，浊者土色也。澄之既净，香味自发。余尝言有名山则有佳茶，兹又言有名山必有佳泉。相提而论，恐非臆说。余所经行，吾两浙[5]、两都[6]、齐、鲁、楚、粤、豫章[7]、滇、黔，皆尝稍涉其山川，味其水泉。发源长远，而潭沚澄澈者，水必甘美。即江河溪涧之水，遇澄潭大泽，味咸甘冽。唯波涛湍急，瀑布飞泉，或舟楫多处，则苦浊不堪。盖云伤劳，岂其恒性？凡春夏水长则减，秋冬水落则美。

【注释】

〔1〕金山中泠：金山寺，在江苏镇江金山，寺内有中泠泉。《明一统志》卷一一："中泠泉，在金山寺内。唐李德裕尝使人取此水，杂以他水，辄能辨之。《水经》品第天下水味，此为第一。宋苏轼诗：'中泠南畔石盘陀，古来出没随涛波。'"

〔2〕庐山康王谷：庐山，位于江西省北部鄱阳湖盆地。康王谷，在庐山，有谷帘泉。

〔3〕惠泉：《嘉庆一统志》卷八六："在无锡县惠山白石坞下，一名慧山泉。唐陆羽次第名泉得二十种，以庐山康王谷洞簾水为第一，此泉为第二。"

〔4〕日：底本作“三”，据依《宝颜堂秘笈》本排印之《丛书集成初编》本改。

〔5〕两浙：浙东和浙西的合称，一般以富春江、钱塘江为界。

〔6〕两都：指北京和南京。

〔7〕豫章：隋朝设豫章郡，明朝时为南昌府，治所在今江西南昌。

【译文】

好茶叶中蕴含的茶香，借助于水才能散发出来，离开水就谈不上评赏茶。古人品评水，认为金山寺的中泠泉是第一泉，第二种说法认为庐山康王谷是第一。我没有到过庐山，但金山顶上的水井，恐怕也不是古时的中泠泉。由于山陵谷地的变迁，中泠泉可能早已湮没了。不然的话，为何如此淡而无味，不值得品酌呢？现在品评水，必定以惠泉为第一，其水甘甜鲜美醇厚，非常宝贵。从前渡黄河时，一开始担忧河水浑浊不能饮用，船夫用一种方法澄清后，喝起来十分甘甜，特别适宜煮茶，不比惠泉水差。黄河的水，像是从天上来的，之所以浑浊，是由于沾上了土的颜色。澄清后就干净了，香味也会自然发出。我曾经说，有名山的地方就会有好茶，现在又说，有名山的地方定会有好的泉水。将这两者相提并论，恐怕不是凭空乱说。我曾到过两浙和两都、齐、鲁、楚、粤、豫章、滇、黔等地，也大致游历过当地的山川，品味过当地的泉水。源远流长而且潭水清澈的，水必然甜美。即使是江河、溪流、山涧的水，汇入清潭大湖，味道也都甘甜清冽。只有波涛汹涌、水流湍急的河流，飞流直下的瀑布与喷薄而出的涌泉，或船舶来往较多的水道，水才会苦涩且浑浊不堪。大概就是所说的水质因使用过多而受到影响，这难道是水的一贯品性？但凡春夏水位上涨时水味稍减，秋冬水位下降时水味甜美。

贮水

甘泉旋汲用之斯良，丙舍[1]在城，夫岂易得？理宜多汲，贮大瓮中。但忌新器，为其火气未退，易于败水，亦易生虫。久用则善，最嫌他用。水性忌木，松杉为甚。木桶贮水，其害滋甚，挈瓶[2]为佳耳。贮水瓮口，厚箬泥固，用时旋开。泉水不易，以梅雨水代之。

【注释】

〔1〕丙舍：泛指正室旁的别室，这里代指房屋。

〔2〕挈瓶：汲水用的小瓶。

【译文】

使用刚取来的甘甜泉水，当然再好不过，但住在城中，又怎能轻易得到泉水呢？所以应该多打一些，贮存在大瓮里。但忌讳用新的器具，因为新器具的火气还没有消退，容易将水质败坏，也容易滋生水虫。使用时间久的瓮最好，但最不宜用来装其他东西。水的本性忌讳木头，特别是松木、杉木。用木桶贮存水的害处特别大，用挈瓶就比较好。贮水瓮的口上，以厚箬叶包裹后用泥封好，用水的时候再打开。泉水不容易得到时，用梅雨时节的雨水代替。

舀 水

舀水必用磁瓯。轻轻出瓮，缓倾铫[1]中。勿令淋滴瓮内，致败水味，切须记之。

【注释】

〔1〕铫(diào)：一种有柄有嘴的烹煮器。《说文解字·金部》："铫，温器也。"段玉裁注："今煮物瓦器谓之铫子。"

【译文】

舀水必须用瓷瓯。轻轻地从瓮中舀出，再慢慢地倾倒在铫中。不要让舀出的水再滴到瓮里，导致水味变坏，必须要记住这点。

煮水器

金乃水母,锡备柔刚,味不咸涩,作铫最良。铫中必穿其心,令透火气。沸速则鲜嫩风逸,沸迟则老熟昏钝,兼有汤气,慎之,慎之。茶滋于水,水藉乎器,汤成于火,四者相须,缺一则废。

【译文】

金能含养水,锡则刚柔兼济,两者味道不咸不涩,用来做铫是最好的。铫中间必须要留有孔,使火的热力得以透过。沸腾快的水新鲜清爽,沸腾慢的水老且不清爽,还有热水汽,对此要极其慎重。茶泡在水中,水在器皿中存放,热水由火烧开,这四种东西相互依赖,缺少其中一样就泡不成茶。

火候

火必以坚木炭为上。然木性未尽，尚有馀烟，烟气入汤，汤必无用。故先烧令红，去其烟焰，兼取性力猛炽，水乃易沸。既红之后，乃授水器，仍急扇之，愈速愈妙，毋令停手。停过之汤，宁弃而再烹。

【译文】

火，必定是用硬木炭烧的最好。然而木炭的木质没烧完，还有馀烟，一旦烟气进入热水，热水就不能用了。因此先将木炭烧红，等其烟焰燃尽，同时还保持旺盛炽热的火力，用来煮水很容易沸腾。木炭烧红以后，再放到煮水器下面，仍要快速地扇风，扇得越快越好，不要停手。一旦停手，宁可将水倒掉重新煮。

烹点

未曾汲水，先备茶具。必洁必燥，开口以待。盖或仰放，或置磁盂，勿竟覆之案上。漆气食气，皆能败茶。先握茶手中，俟汤既入壶，随手投茶汤，以盖覆定。三呼吸时，次满倾盂内，重投壶内，用以动荡香韵，兼色不沉滞。更三呼吸顷，以定其浮薄，然后泻以供客，则乳嫩清滑，馥郁鼻端。病可令起，疲可令爽，吟坛发其逸思，谈席涤其玄襟。

【译文】

还没有打来水时，就要先准备好茶具。茶具必须洁净干燥，敞开口放着待用。茶具盖要么翻过来放，要么放在瓷盂上，不要直接覆盖在桌案上。因为桌案上的漆味和食物味，都会破坏茶味。先将茶拿在手中，等把开水灌进茶壶，随手把茶叶投入开水，用盖子盖好。盖住约呼吸三次的时间，然后倒满一盂茶汤，再将茶汤重新倒进壶里，以搅动壶里的茶汤，从而使茶香、茶色不致沉滞。再等呼吸三次的时间，以使漂浮的细小茶叶沉淀，然后才倒茶招待客人，茶汤就会鲜嫩润滑、香气扑鼻。生病时饮茶可让人好转，疲惫时饮茶可使人感觉清爽，吟诗的骚客饮茶可以激发灵感，清谈的雅士饮茶可以荡涤玄思。

秤 量

茶注宜小，不宜甚大。小则香气氤氲，大则易于散漫。大约及半升，是为适可，独自斟酌，愈小愈佳。容水半升者，量茶五分，其馀以是增减。

【译文】

茶注要小，不适宜很大。小的茶注使茶香弥漫凝聚，大的则香气容易散发。茶注容水量约半升，是比较合适的，如果是独自一人饮茶，则越小越好。容水半升的茶注，量取茶叶五分，其他都按这个比例增减。

汤 候

水一入铫，便须急煮。候有松声，即去盖，以消息其老嫩。蟹眼之后，水有微涛，是为当时。大涛鼎沸，旋至无声，是为过时。过则汤老而香散，决不堪用。

【译文】

水一旦舀进铫中，就必须马上煮。等水煮到有像松涛一样的声音，立即拿掉盖子，以观察水的老嫩程度。等到出现“蟹眼”大小的气泡之后，水有微小的波纹，这正是合适的时候。当水开得波涛翻滚，之后又没有声响，这是煮水的火候过了头。煮过头的水老而且香气已散，绝不能用来沏茶。

瓯　注

茶瓯，古取建窑兔毛花[1]者，亦斗碾茶用之宜耳。其在今日，纯白为佳，兼贵于小。定窑[2]最贵，不易得矣，宣、成、嘉靖，俱有名窑，近日仿造，间亦可用。次用真正回青[3]，必拣圆整，勿用呰窳[4]。

茶注，以不受他气者为良，故首银次锡。上品真锡，力大不减，慎勿杂以黑铅，虽可清水，却能夺味。其次，内外有油磁壶亦可，必如柴[5]、汝[6]、宣、成之类，然后为佳。然滚水骤浇，旧瓷易裂，可惜也。近日饶州[7]所造，极不堪用。往时龚春[8]茶壶，近日时彬[9]所制，大为时人宝惜。盖皆以粗砂制之，正取砂无土气耳。随手造作，颇极精工，顾烧时必须火力极足，方可出窑。然火候少过，壶又多碎坏者，以是益加贵重。火力不到者，如以生砂注水，土气满鼻，不中用也，较之锡器，尚减三分。砂性微渗，又不用油，香不窜发，易冷易馊，仅堪供玩耳。其馀细砂，及造自他匠手者，质恶制劣，尤有土气，绝能败味，勿用，勿用。

【注释】

〔1〕建窑兔毛花：即建窑烧制的兔毫盏。因其绀黑的瓷色中显出银白色的纤纹，如同兔毫一样，故称兔毫或兔毛花。明朝时建窑仍旧烧制此类瓷器。

〔2〕定窑：北宋名窑，窑址在河北定州，以烧制白釉瓷器著称。

〔3〕回青：明正德以后用来烧制青花瓷的一种原料，产自域外。

〔4〕呰窳(zǐ yǔ)：这里指品质粗劣。

〔5〕柴：柴窑，五代后周柴世宗时建，故称柴窑，窑址在今河南郑州，以烧制天青色青瓷著称。柴窑瓷器传世稀少。

〔6〕汝：汝窑，北宋名窑，窑址在河南汝州(今河南临汝)，以烧制青瓷著称，工艺精湛。因烧制时间较短，传世稀少，南宋以来即成为名贵的收藏品。

〔7〕饶州：景德镇在明朝属饶州府浮梁县，因而又称“饶州窑”或“饶窑”。

〔8〕龚春：明代制陶名家，所制陶茶壶极负盛名。明张岱《陶庵梦忆》卷二：“宜兴罐以龚春为上，时大彬次之……一砂罐、一锡注，直跻之商彝周鼎之列而毫无惭色，则是其品地也。”

〔9〕时彬：时大彬，明朝制陶名家，号少山，所制陶器古朴典雅。

【译文】

茶瓯，古时选用建窑的兔毛花盏，因为也适用于斗茶、碾茶。现在的茶瓯，则以纯白的为好，而且以小为贵。定窑的最珍贵，但不容易得到，宣德、成化、嘉靖时期，也都有著名的瓷窑，现在所仿造的，有些也可以使用。其次，用真正的回青釉茶瓯，一定要挑选圆整的，不要用粗劣的。

茶注，以不易沾染其他气味的为好，所以首选银制的，次选锡制的。上好的真锡制的茶瓯，其效果不亚于银制的，只是要注意不能掺杂黑铅，掺杂黑铅的锡茶注虽然可以使水更清，但会破坏茶味。其次，内外两面釉质光滑的瓷壶也行，一定要像柴窑瓷、汝窑瓷、宣德瓷、成化瓷之类，才能沏出好茶。然而滚烫的开水骤然灌入，上述旧瓷器很容易炸裂，那就太可惜了。近来饶州窑烧制的瓷器，极不耐用。从前龚春制作的茶壶，近来时彬制作的茶具，很受现在人的喜爱珍视。大概都是用粗砂制作的，正是利用砂没有泥土气味的优点。虽然是随手制作，却相当精美，只是烧制时必须火力十分充足，才能出窑。有时候火候稍微过头，烧坏烧碎的壶就很多，因而更显得贵重。火力不到而烧出的茶壶，就如同在生砂中灌注水制成的，扑鼻而来的都是泥土味，很不适合沏茶用，比起锡器来还要差很远。砂生性易于渗透，又不上釉，茶的香气不易散发，茶也容易变凉变质，只能供人把玩而已。采用细砂烧制以及出自其他工匠之手的茶具，质地差，做工劣，特别是有泥土味，绝对会破坏茶味，千万千万不要用。

荡涤

汤铫、瓯、注，最宜燥洁。每日晨兴，必以沸汤荡涤，用极熟黄麻巾帨向内拭干，以竹编架覆而庋之燥处，烹时随意取用。修事既毕，汤铫拭去馀沥，仍覆原处。每注茶甫尽，随以竹箸尽去残叶，以需次用。瓯中残沉，必倾去之，以俟再斟。如或存之，夺香败味。人必一杯，毋劳传递〔1〕。再巡之后，清水涤之为佳。

【注释】

〔1〕毋劳传递：古人饮茶有用茶碗传递着喝的习惯。参见陆羽《茶经·六之饮》。

【译文】

水铫、茶瓯、茶注，最应该干燥清洁。每天早晨起来，一定先用沸水冲洗茶具，再用极熟的黄麻手帕自外向内擦干，之后扣在竹编架子上，存放在干燥的地方，沏茶时随时取用。饮茶结束后，擦去水铫上的剩馀水滴，仍扣放在原处。每当一壶茶刚喝完，随即用竹筷子将残留的茶叶全部去掉，以备下一次使用。茶瓯中剩馀的茶汤必须倒掉，以便再次倒茶。如果剩馀的茶汤还保留着，会破坏茶香、败坏茶味。必须每人一杯茶，就不用传递着喝。斟茶两轮之后，最好用清水洗净。

饮 啜

一壶之茶，只堪再巡。初巡鲜美，再则甘醇，三巡意欲尽矣。余尝与冯开之[1]戏论茶候，以初巡为停停袅袅十三馀，再巡为碧玉破瓜[2]年，三巡以来，绿叶成阴矣。开之大以为然。所以茶注欲小，小则再巡已终，宁使馀芬剩馥尚留叶中，犹堪饭后供啜嗽之用，未遂弃之可也。若巨器屡巡，满中泻饮，待停少温，或求浓苦，何异农匠作劳，但需涓滴？何论品尝，何知风味乎？

【注释】

〔1〕冯开之：冯梦桢(1548—1595)，字开之，浙江秀水(今嘉兴)人，明万历五年(1577)进士。撰有《快雪堂集》。

〔2〕破瓜："瓜"字可析分为"二""八"两字，古人常将女子十六岁称为破瓜之年。

【译文】

一壶茶汤，只能够斟两轮。第一轮茶味道鲜美，第二轮茶味道甘甜醇厚，第三轮时就因茶味淡而不愿意饮了。我曾经和冯开之开玩笑地讨论茶色茶味的变化，第一轮茶可视作亭亭玉立的十三四岁少女，第二轮茶可看作"碧玉破瓜"的十六岁女子，第三轮以后，就是儿女成行的妇人了。冯开之非常赞同。所以茶注要小，小的话两轮之后就已经倒完，宁可使剩馀的茶香味留在茶叶中，还能供饭后漱口之用，所以不要马上倒掉。如果是大壶喝上好几轮，倒满茶后又大口喝下，有的人感觉茶汤太烫而停下来稍等凉些，有的人又愿意喝浓酽苦口的茶而感觉茶汤太淡，这样与农夫、工匠劳作疲惫时用水解渴有什么不同呢？哪里谈得上品尝，又哪里会懂得茶的风味呢？

论　客

宾朋杂沓，止堪交错觥筹；乍会泛交，仅须常品酬酢。惟素心同调，彼此畅适，清言雄辩，脱略形骸，始可呼童篝火，酌水点汤。量客多少，为役之烦简。三人以下，止热一炉；如五六人，便当两鼎炉。用一童，汤方调适，若还兼作，恐有参差。客若众多，姑且罢火，不妨中茶投果，出自内局。

【译文】

往来纷杂的宾客，只能用饮酒行令来款待；泛泛而交的朋友，只需用普通酒饭来应酬。只有同心同德、言意相投、清谈雄辩、放浪形骸的朋友，才值得吩咐童仆点燃炉火，煮水沏茶来招待。根据客人的数量决定招待规模的大小：三个人以下，只点燃一个茶炉；如果是五六个人，便应当用两个大茶炉。需用一个童仆专门照看茶炉，茶汤才能够沏调适当，倘若童仆还兼做其他事，恐怕会出现差错。如果客人众多，就姑且先停火，不妨将茶事暂停，从内席上取些果品来招待客人。

茶　所

小斋之外，别置茶寮[1]。高燥明爽，勿令闭塞。壁边列置两炉，炉以小雪洞[2]覆之，止开一面，用省灰尘腾散。寮前置一几，以顿茶注、茶盂。为临时供具别置一几，以顿他器。旁列一架，巾帨悬之，见用之时，即置房中。斟酌之后，旋加以盖，毋受尘污，使损水力。炭宜远置，勿令近炉，尤宜多办，宿干易炽。炉少去壁，灰宜频扫。总之以慎火防热，此为最急。

【注释】

〔1〕茶寮：此指专门饮茶的小屋。寮，原指僧舍，后也将小屋通称为寮。

〔2〕雪洞：一种盖子。

【译文】

居室之外，另外设立茶寮。茶寮要屋高干燥，明亮爽洁，不能闭塞。茶寮内墙壁边并列放置两个茶炉，并用小雪洞覆盖，只敞开一面，以避免灰尘扬起散落在茶炉上。茶寮前放置一张茶几，用来搁放茶注、茶盂。给临时使用的器具再另外准备一张茶几，用来放置它们。旁边摆一个架子，上面挂着手巾，用到的时候，就放到屋里。沏茶饮茶之后，马上盖好器具的盖子，避免受到尘土的污染，从而使水质变坏。木炭应当放在远处，不要靠近茶炉，尤其应当多准备些木炭，经过一夜的干燥之后更容易旺盛。茶炉要稍微离开墙壁一点，灰尘也要经常清扫。总之要谨慎使用，以防火隔热，这是最急迫紧要的事。

洗　茶

岕茶摘自山麓，山多浮沙，随雨辄下，即着于叶中。烹时不洗去沙土，最能败茶。必先盥手令洁，次用半沸水，扇扬稍和，洗之。水不沸，则水气不尽，反能败茶；毋得过劳，以损其力。沙土既去，急于手中挤令极干，另以深口瓷合贮之，抖散待用。洗必躬亲，非可摄代。凡汤之冷热，茶之燥湿，缓急之节，顿置之宜，以意消息，他人未必解事。

【译文】

岕茶采自山脚下，山上多有浮沙，随着雨水冲下，就附着在茶叶上。煮茶时不将沙土洗掉，最能败坏茶味。所以必须先洗干净手，再取刚刚烧开的热水，扇扬风，使水稍凉，之后用来洗茶。水不沸腾，水汽就不会全去掉，洗茶反而会败坏茶；也不可洗得太过，以免使茶不耐浸泡。沙土洗掉之后，迅速在手中把茶叶挤得特别干，另外贮放在深口的瓷盒中，抖散之后待用。洗茶必须亲自动手，不可由他人代替。因为凡是茶汤的凉热温度、茶叶的干湿程度、洗茶的节奏快慢、洗过茶叶的存放等，都要靠个人感觉去把握，其他人未必能领会。

童　子

煎茶烧香，总是清事，不妨躬自执劳。然对客谈谐，岂能亲莅？宜教两童司之。器必晨涤，手令时盥，爪可净剔，火宜常宿，量宜饮之时，为举火之候。又当先白主人，然后修事。酌过数行，亦宜少辍，果饵间供。别进浓沉，不妨中品充之。盖食饮相须，不可偏废，甘酢杂陈，又谁能鉴赏也？举酒命觞，理宜停罢。或鼻中出火，耳后生风，亦宜以甘露浇之。各取大盂，撮点雨前细玉，正自不俗。

【译文】

煎茶与燃香，总归是清雅的事，不妨亲手操作。然而主人跟客人正谈得融洽，哪能亲自去煎茶呢？最好让两个童子去做。饮茶器具要早晨清洗好，还要勤于洗手，指甲也要修剪干净，常备火种，估算距离饮茶的时间，掌握生火的时机。这时又应该先请示主人，然后才去准备沏茶的事。饮过几轮茶后，应当暂停，乘间呈上果品。另外进奉酞酒，也不妨是普通品种。大概食物与饮料相互依赖，不能偏废，但是甘甜的茶和酞厚的酒胡乱放在一起，谁又有心情鉴赏茶品呢？所以饮茶的时候，理应停止饮酒。或者鼻中干燥上火、耳后生风发热时，也适宜饮茶来祛火降热。主客各自取用大的茶盂，撮点谷雨前的细玉茶，这自是不俗的事。

饮时

心手闲适　披咏疲倦　意绪棼乱　听歌闻曲　歌罢曲终　杜门避事

鼓琴看画　夜深共语　明窗净几　洞房阿阁[1]　宾主款狎　佳客小姬

访友初归　风日晴和　轻阴微雨　小桥画舫　茂林修竹　课花责鸟

荷亭避暑　小院焚香　酒阑人散　儿辈斋馆　清幽寺观　名泉怪石

【注释】

〔1〕阿阁：四面有檐的楼阁。西晋陆机《君子有所思行》："甲第崇高闼，洞房结阿阁。"《文选》五臣注："洞，通；结，连；阿，大也。"

【译文】

以下时候，适宜饮茶：

双手心境都闲适；读书吟咏已疲倦；意绪不甚清楚；听歌声赏乐曲；听罢歌，赏毕曲；关起门来，避绝人事；弹琴看画；深夜谈话；端坐明窗净几；入洞房登阿阁；主客之间亲密往来；款待贵客，姬妾侍候；访友刚回；风日晴好；轻阴细雨；过小桥，乘画舫；茂林修竹之间；养花驯鸟之时；荷花亭中避暑；僻静小院燃香；酒宴终，人将散；督责儿辈读书；寻访清幽寺观；观赏名泉怪石。

宜辍

作字　观剧　发书柬　大雨雪　长筵大席　翻阅卷帙　人事忙迫　及与上宜饮时相反事

【译文】

以下情况,不宜饮茶:

写字,看戏,写信寄函,降大雨雪,高规格的宴席,阅读书籍,有繁忙急迫的事情,以及有与上面列举的适宜饮茶时候相反的事。

不宜用

恶水　敝器　铜匙　铜铫　木桶　柴薪　麸炭　粗童　恶婢

不洁巾帨　各色果实香药[1]

【注释】

〔1〕各色果实香药：明朝人讲究饮茶时避免与其他水果、香料同食，以保证能品尝到茶叶真正的味道。明钱椿年《茶谱》列举出一些破坏茶味的果实香药："夺其香者，松子、柑橙、杏仁、莲心、木香、梅花、茉莉、蔷薇、木樨之类是也；夺其味者，牛乳、番桃、荔枝、圆眼、水梨、枇杷之类是也；夺其色者，柿饼、胶枣、火桃、杨梅、橙橘之类是也。"

【译文】

饮茶的时候，不宜使用：

品质不佳的水，劣质器具，铜茶匙，铜铫，木桶，木头柴火，烧火的麸子，粗笨的童仆，性情急躁的婢女；不干净的手绢，各种各样的果实、香料。

不宜近

阴室　厨房　市喧　小儿啼　野性人　童奴相哄　酷热斋舍

【译文】

饮茶时，必须远离以下情况：

阴暗的房屋，做饭的厨房，集市的喧嚣，小儿的啼哭，性格粗野的人，童子仆人彼此七嘴八舌，酷热难耐的房间。

良　友

清风明月　纸帐楮衾[1]　竹床石枕　名花琪树[2]

【注释】

〔1〕纸帐：用藤皮茧纸缝制的帐子。明高濂《遵生八笺》卷八记载其制作方法："用藤皮茧纸缠于木上，以索缠紧，勒作皱纹，不用糊，以线折缝缝之。顶不用纸，以稀布为顶，取其透气。"楮衾：纸制的衣服。宋苏易简《文房四谱・纸谱》："山居者常以纸为衣，盖遵释氏云不衣蚕口衣者也。"

〔2〕琪树：形容类似仙境中的玉树。

【译文】

清风与明月，纸帐与纸衣，竹床与石枕，名花与琪树，这些都是饮茶的良友。

出　游

士人登山临水，必命壶觞，乃茗碗薰炉置而不问，是徒游于豪举，未托素交也。余欲特制游装，备诸器具，精茗名香，同行异室。茶罂一，注二，铫一，小瓯四，洗[1]一，瓷合一，铜炉一，小面洗一，巾副之，附以香奁[2]、小炉、香囊、匕、箸[3]，此为半肩。薄瓮贮水三十斤，为半肩足矣。

【注释】

〔1〕洗：古时的盥用具，类似于今天的洗脸盆。《仪礼・士冠礼》郑玄注："洗，承盥洗者，弃水器也。"

〔2〕香奁：存放香料的盒子。

〔3〕匕箸：茶匙和筷子。

【译文】

士人攀登山岭、徜徉水边时，必定让人备好酒具，对于茶具和薰炉却置而不问，这只是庸人炫耀摆阔，缺少士人应有的清雅。我打算专门制作出游的装备，备齐各种器具，好茶及名贵的薰香一起带着，但分别放置。茶罂一个，茶注两个，铫一个，小瓯四个，茶洗一个，瓷盒一个，铜炉一个，小脸盆一个，配以手巾，附带着香奁、小香炉、香囊、茶匙、竹筷，装在担子的一边。再用薄瓮带上三十斤水，装在担子的另一边，就足够了。

权　宜

出游远地，茶不可少。恐地产不佳，而人鲜好事，不得不随身自将。瓦器重难，又不得不寄贮竹箁[1]。茶甫出瓮，焙之。竹器晒干，以箬厚贴，实茶其中。所到之处，即先焙新好瓦瓶，出茶焙燥，贮之瓶中。虽风味不无少减，而气与味尚存。若舟航出入，及非车马修途，仍用瓦缶。毋得但利轻赍，致损灵质。

【注释】

〔1〕竹箁(póu)：笋壳。清朱骏声《说文通训定声·颐部》："箁，竹箬也。从竹，音声。苏俗谓之笋壳。"这里借指竹编的篓子。

【译文】

到远方游历，不能缺少茶。又担心当地出产的茶叶不好，当地的朋友又少有懂茶、喜欢茶的，所以不得不自己随身带着茶叶。陶瓷器具很沉，难以携带，又不得不将茶叶暂存在竹篓里。茶叶一从瓮中取出，就先烘烤。再晒干竹篓，用箬叶贴裹厚实，将茶叶填实在里面。到达目的地，先烘焙新的好陶瓶，再取出茶叶烘干，贮存在瓶中。虽然茶的风味稍微减少，但茶气和茶味还是存在的。如果是乘船来回，以及不是乘车马才能到达的远方，还是要用陶瓷器具装茶。不要只图行装轻快，以致有损茶叶的好品质。

虎林水

杭两山之水，以虎跑泉为上，芳洌甘腴，极可贵重。佳者乃在香积厨[1]中土泉，故其土气，人不能辨。其次若龙井、珍珠[2]、锡杖[3]、韬光[4]、幽淙[5]、灵峰[6]，皆有佳泉，堪供汲煮。及诸山溪涧澄流，并可斟酌。独水乐一洞[7]，跌荡过劳，味遂漓薄。玉泉[8]往时颇佳，近以纸局坏之矣。

【注释】

〔1〕香积厨：寺院的僧厨，又称香厨。

〔2〕珍珠：珍珠泉，在杭州玉泉附近。明田汝成《西湖游览志》卷三："珍珠园，宋张循王俊别墅，内有珍珠泉。"

〔3〕锡杖：《西湖游览志》卷四："法相律寺，寺内有锡杖泉。"

〔4〕韬光：指韬光庵，《嘉庆一统志》卷二八四："韬光庵，在钱塘县灵隐山，唐僧韬光所居。"

〔5〕幽淙：指幽淙岭，《西湖游览志》卷一一称，幽淙岭在天竺寺东南，俗称"水出岭"。

〔6〕灵峰：指灵峰寺，《西湖游览志》卷九："灵峰寺，故名鹫峰禅院，晋开运间吴越王建。"

〔7〕水乐一洞：《嘉庆一统志》卷二一六："水乐洞，在钱塘县南高峰西烟霞岭下。"

〔8〕玉泉：《西湖游览志》卷九："玉泉寺，故名净空院，南齐建元中僧昙超说法于此，龙王来听，为之抚掌，出泉，遂建龙王祠。晋天福三年始建净空院于泉左。"

【译文】

杭州两山的水，以虎跑泉为最好，清香甘甜，极其珍贵。好的原因在于这是寺院僧厨中的土泉，泉水中的土气是凡人不能分辨的。其次像龙井、珍珠、锡杖、韬光、幽淙、灵峰等处，都有好的泉水，适宜用来煮水饮茶。还有众山之间溪涧的清澈流水，也可以取来饮茶。只有水乐洞的水，因流淌太激，味道便不够醇和了。玉泉的水质以前相当好，现在由于造纸作坊的污染而被破坏了。

宜节

茶宜常饮，不宜多饮。常饮则心肺清凉，烦郁顿释；多饮则微伤脾肾，或泄或寒。盖脾土原润，肾又水乡，宜燥宜温，多或非利也。古人饮水饮汤，后人始易以茶，即饮汤之意。但令色、香、味备，意已独至，何必过多，反失清洌乎？且茶叶过多，亦损脾肾，与过饮同病。俗人知戒多饮，而不知慎多费，余故备论之。

【译文】

茶适宜经常饮用，但不宜一次饮用太多。经常饮用能使心肺清凉，烦忧马上消解；一次饮用太多，脾肾会受到轻微损害，因而有人腹泻，有人虚寒。脾五行属土，原本湿润，肾又像人体内的水乡一样，应保持适当干燥与温和，因而过度饮茶将对其产生不利影响。古人只喝清水和热水，后人开始用饮茶来代替，用意和喝热水一样。只要让茶的色、香、味齐备，目的就已经达到，何必饮用太多，反而品尝不到清冽的味道呢？而且茶叶放得太多，也伤害脾肾，和过量饮茶有同样的弊病。普通人仅懂得避免饮茶过量，但不懂得茶叶放多放少也应谨慎，所以我全面地谈论这个问题。

辨　讹

古今论茶，必首蒙顶[1]。蒙顶山，蜀雅州山也，往常产今不复有。即有之，彼中夷人专之，不复出山。蜀中尚不得，何能至中原、江南也。今人囊盛如石耳[2]，来自山东者，乃蒙阴山[3]石苔，全无茶气，但微甜耳，妄谓蒙山茶。茶必木生，石衣得为茶乎？

【注释】

〔1〕蒙顶：参见本书《茶经·八之出》注释。

〔2〕石耳：附着在石头表面的苔藓类植物。

〔3〕蒙阴山：即蒙山，在今山东省蒙阴县南。古时多有以蒙山石苔藓冒称蒙茶的。明陈师《茶考》："世以山东蒙阴县山所生石藓谓之蒙茶，士夫亦珍重之，味亦颇佳。殊不知形已非茶，不可煮，又乏香气，《茶经》所不载也。"

【译文】

古今品评茶叶，都必然首推蒙顶茶。蒙顶山在蜀地雅州，以前出产的茶叶，现在已经不再有了。即使有，也被那里的夷人独自享用，不再运出山了。蜀中尚且得不到，又哪里能运到中原和江南呢？现在的人用袋装着像石耳一样的、来自山东的所谓茶，实际上是蒙阴山上的石苔，一点茶味也没有，只是稍微发甜而已，却敢妄称"蒙山茶"。茶一定是木本而生的，石衣也能称为茶吗？

考 本

茶不移本，植必子生[1]。古人结婚，必以茶为礼，取其不移、植子之意也。今人犹名其礼曰下茶[2]。南中夷人定亲，必不可无，但有多寡。礼失而求诸野，今求之夷矣。

【注释】

〔1〕茶不移本，植必子生：古人认为，培育茶树只能采用育籽的有性繁殖方法。现代茶树栽培还采用扦插、压条等多种无性繁殖方法。

〔2〕下茶：结婚时男方送聘礼称“下茶”，女子受聘称为“受茶”。

【译文】

茶不能移栽，必须利用茶籽繁殖。古人结婚时，一定要用茶作聘礼，是取茶的“不移”和“植子”的寓意。现在的人还把这种礼节称为“下茶”。南中的夷人定亲时，必须有茶，只是存在多少的差别。“礼失而求诸野”，现在是求之于夷人了。

余斋居无事，颇有鸿渐之癖。又桑苎翁所至，必以笔床[1]、茶灶自随。而友人有同好者，数谓余宜有论著，以备一家，贻之好事，故次而论之。倘有同心，尚箴余之阙，葺而补之，用告成书，甚所望也。次纾再识。

【注释】

〔1〕笔床：放毛笔的文具。

【译文】

我家居没有什么事做，有跟陆羽一样的饮茶癖好。陆羽每到一个地方，必定随身带上笔床和茶灶[喝茶有心得便及时记录下来]。因而有同样爱茶的友人，屡次劝我应该在饮茶方面有所论著，以备一家之言，并赠送给喜欢茶的人看，所以我就依次论述，写了这部书。倘若有与我同心的人，能够指出书中存在的缺失，并为之订正补充，以使此书能够宣告完成，是我非常希望的。次纾再记。